Street Atlas of SOUTHAMPTON

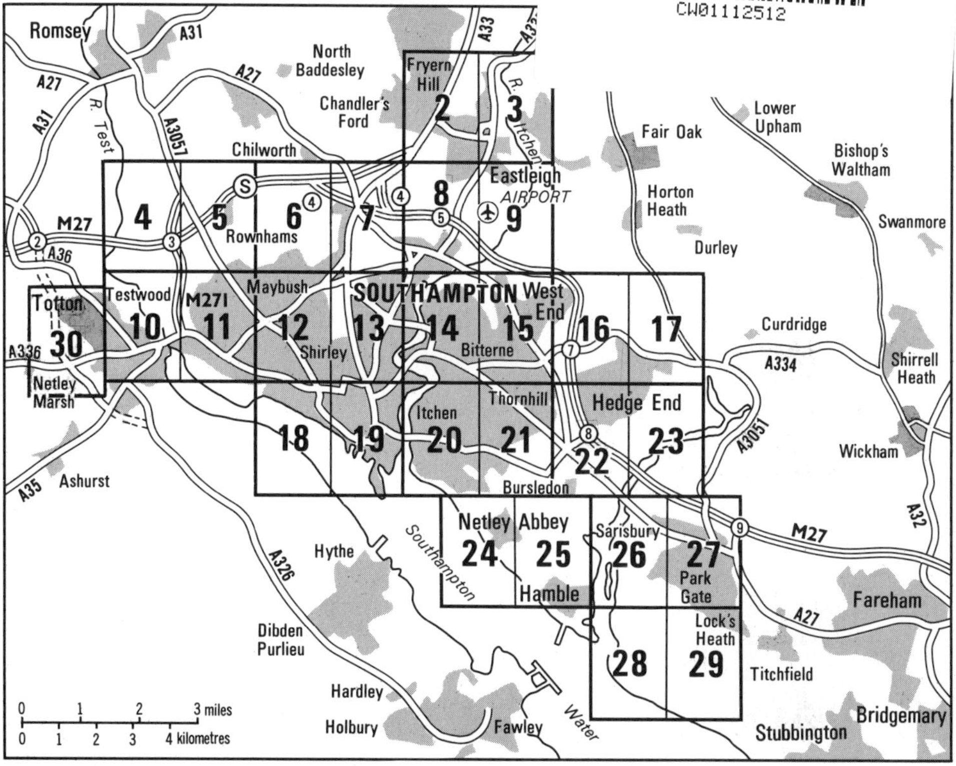

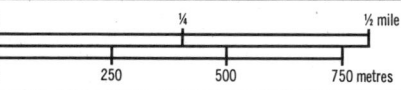

Reference

Motorway............... =M27=	House Numbers (selected roads).... 4 25	Church or Chapel........ †
Dual Carriageway.........	Railway & Station.............	Fire Station............... ■
'A' Road.................. A33	District Boundary............ level crossing	Hospital.................. (H)
'B' Road.................. B3037	Electricity Transmission Line ..... —⊠——⊠—	Information Centre...... 🅸
One-Way Street.......... traffic flow		Police Station............ ▲
One-way traffic flow is indicated on 'A' roads by a heavy line on the driver's left.	Ambulance Station............. ✚	Post Office................ ●
	Car Parks (selection)................ 🅿	Toilet..................... ▽

SCALE 4 inches to 1 mile

1:15,840

© Copyright by the Publishers

Geographers' A-Z Map Company Limited

Head Office: Vestry Road, Sevenoaks, Kent, TN14 5EP Telephone: Sevenoaks 451152 & 455383
Showrooms: 44 Gray's Inn Road, Holborn, London, WC1X 8LR Telephone: 01 242 9246

These maps are based upon the Ordnance Survey 1:10,560 & 1:10,000 maps with the sanction of the Controller of Her Majesty's Stationery Office.
Crown Copyright Reserved

EDITION 2

ISBN 0 85039 191 1

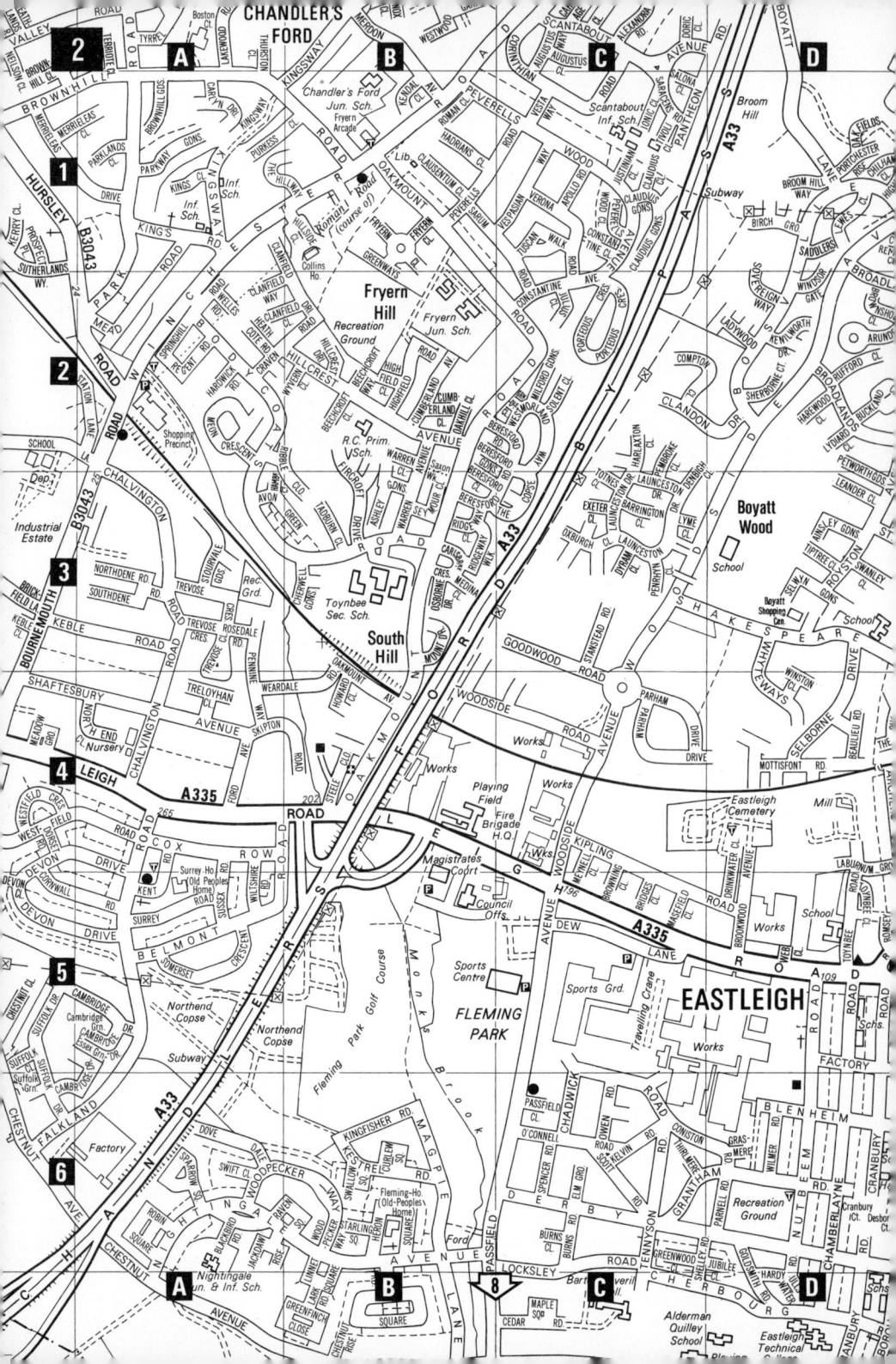

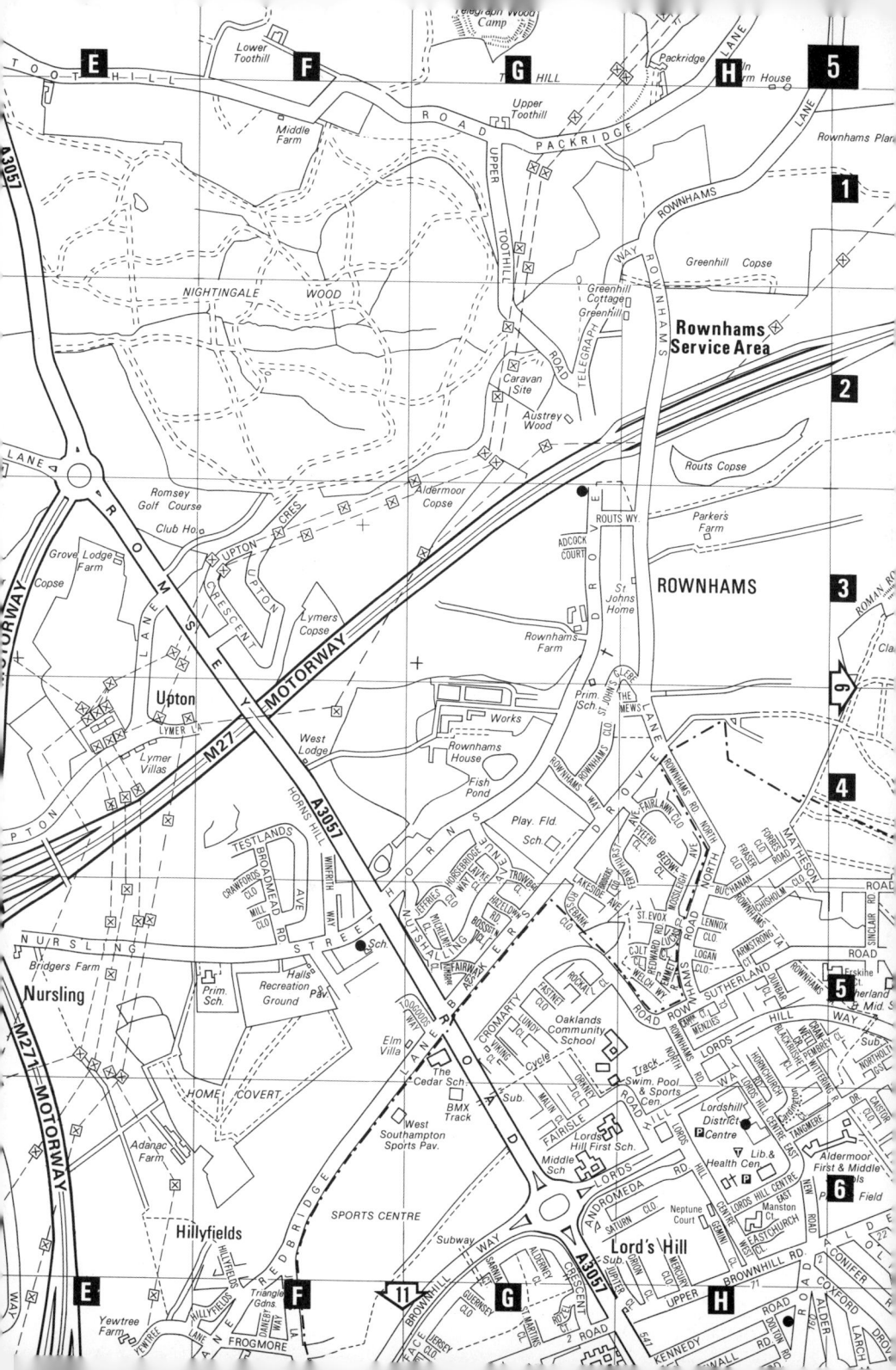

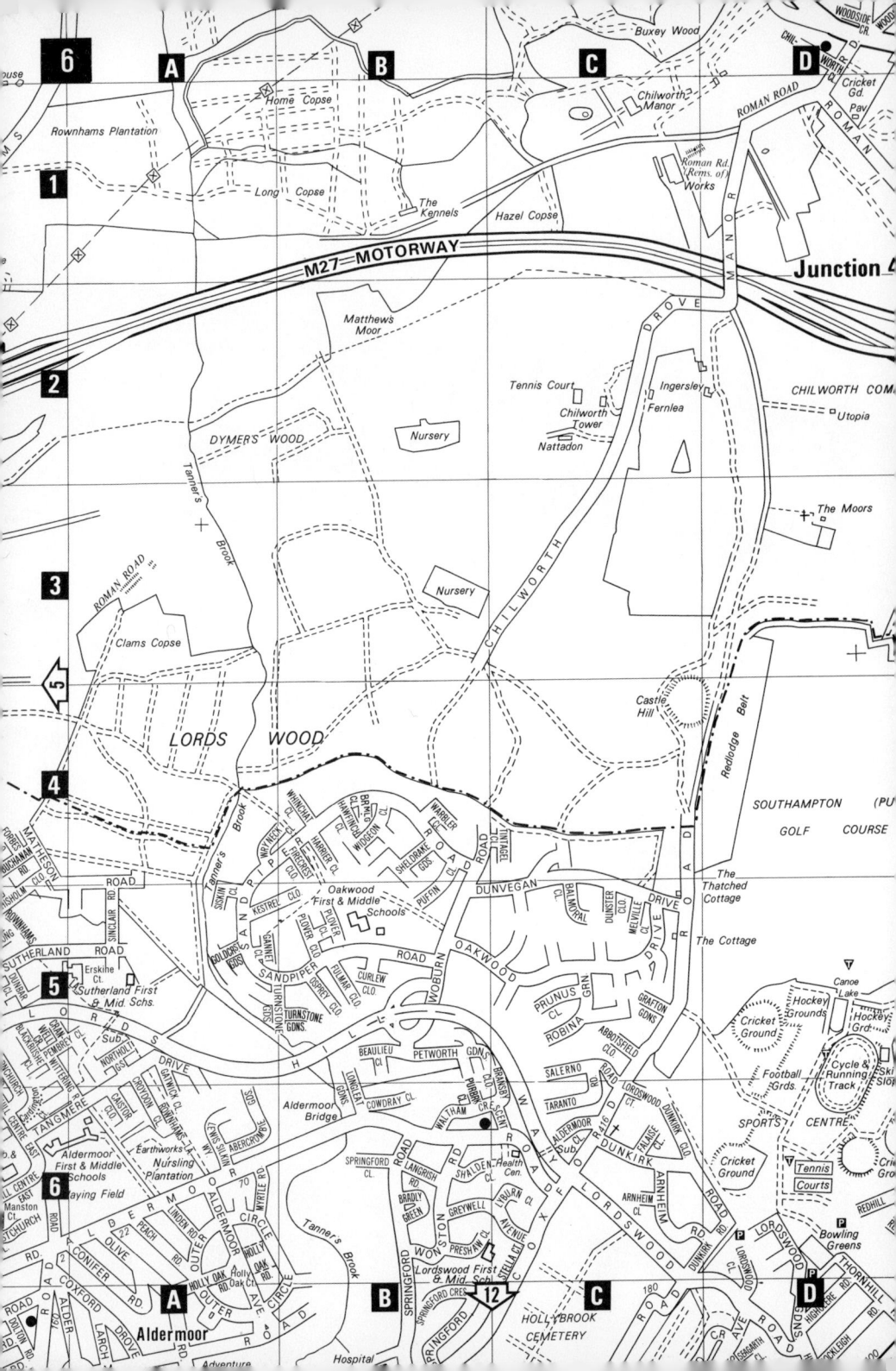

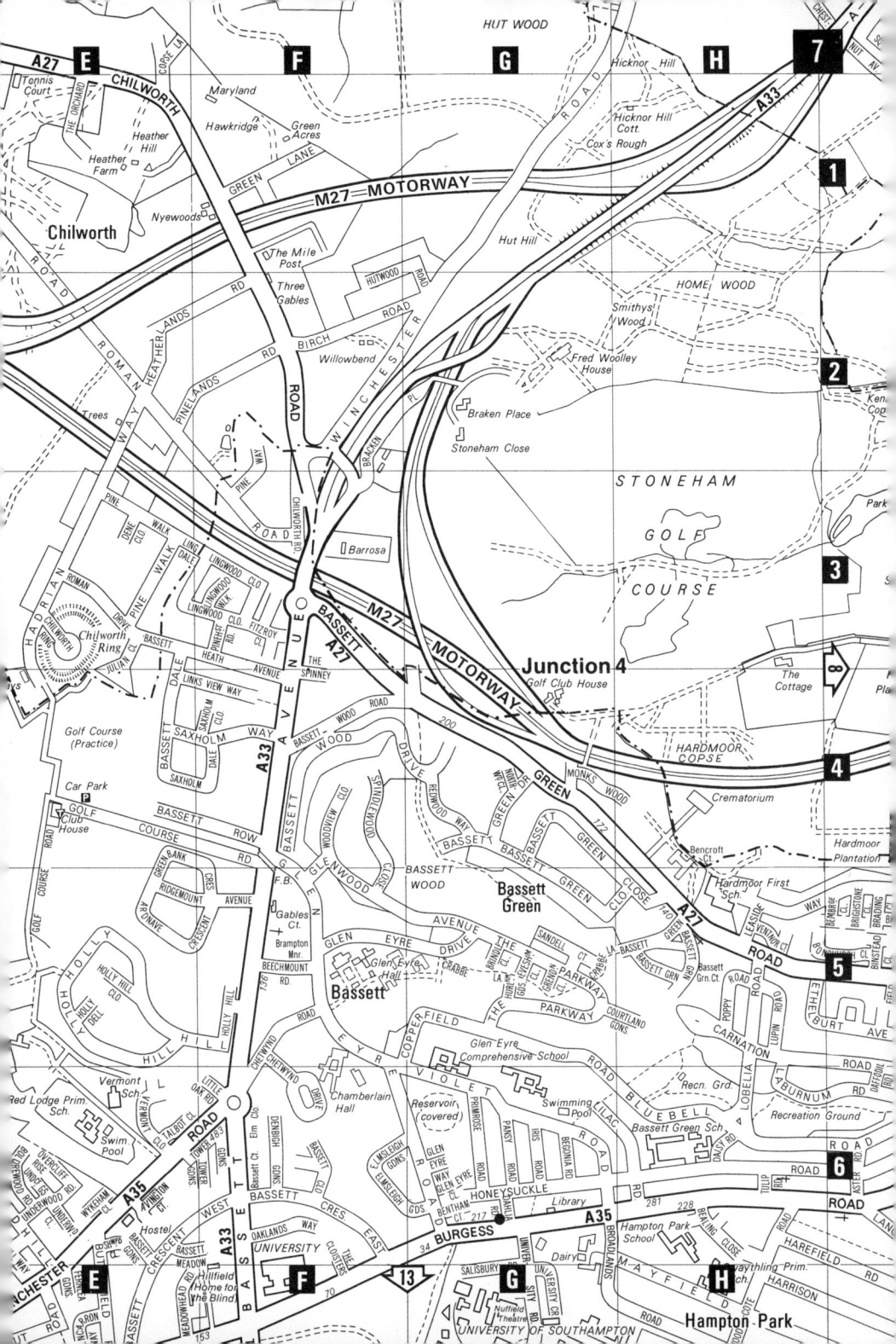

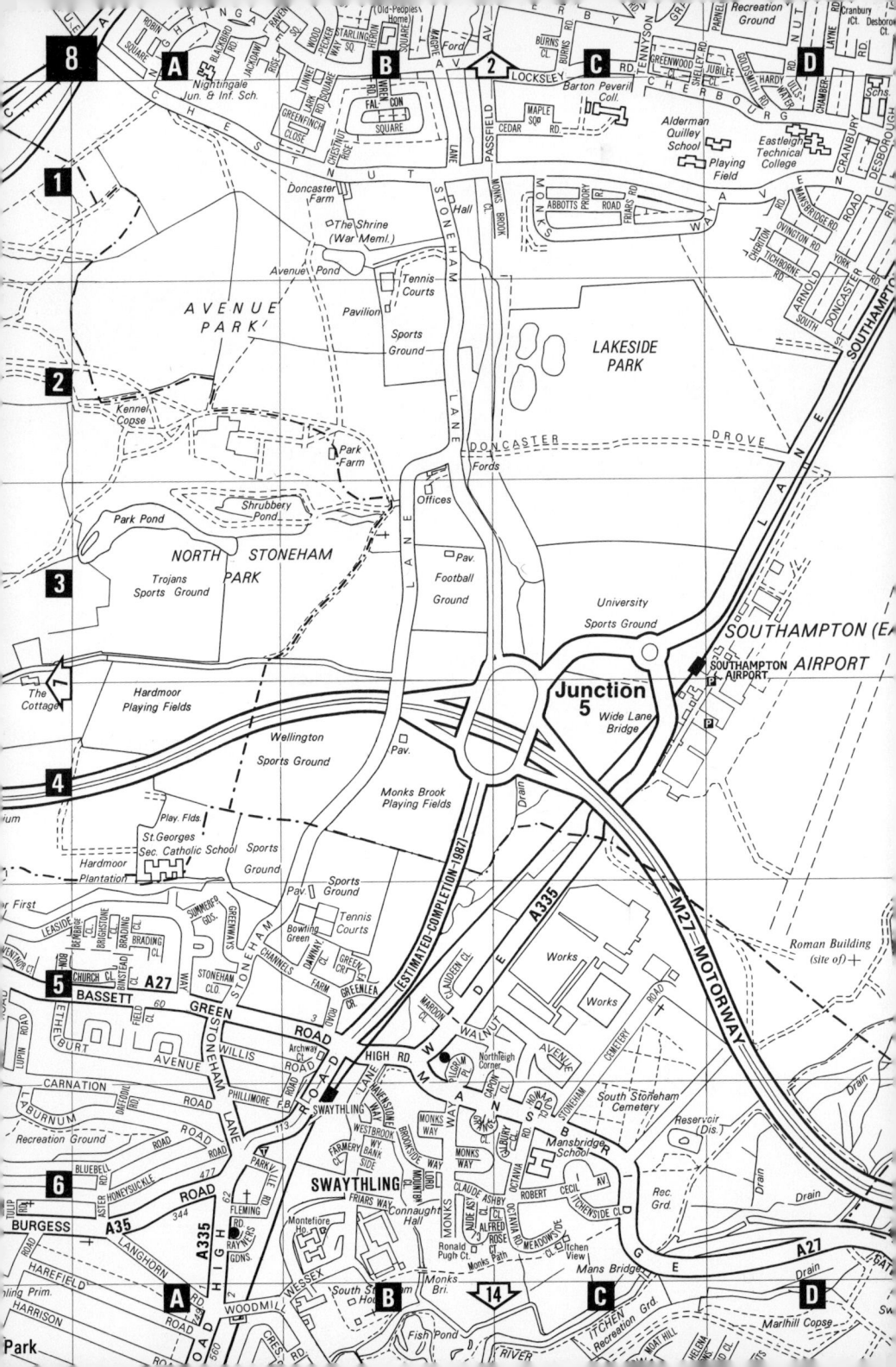

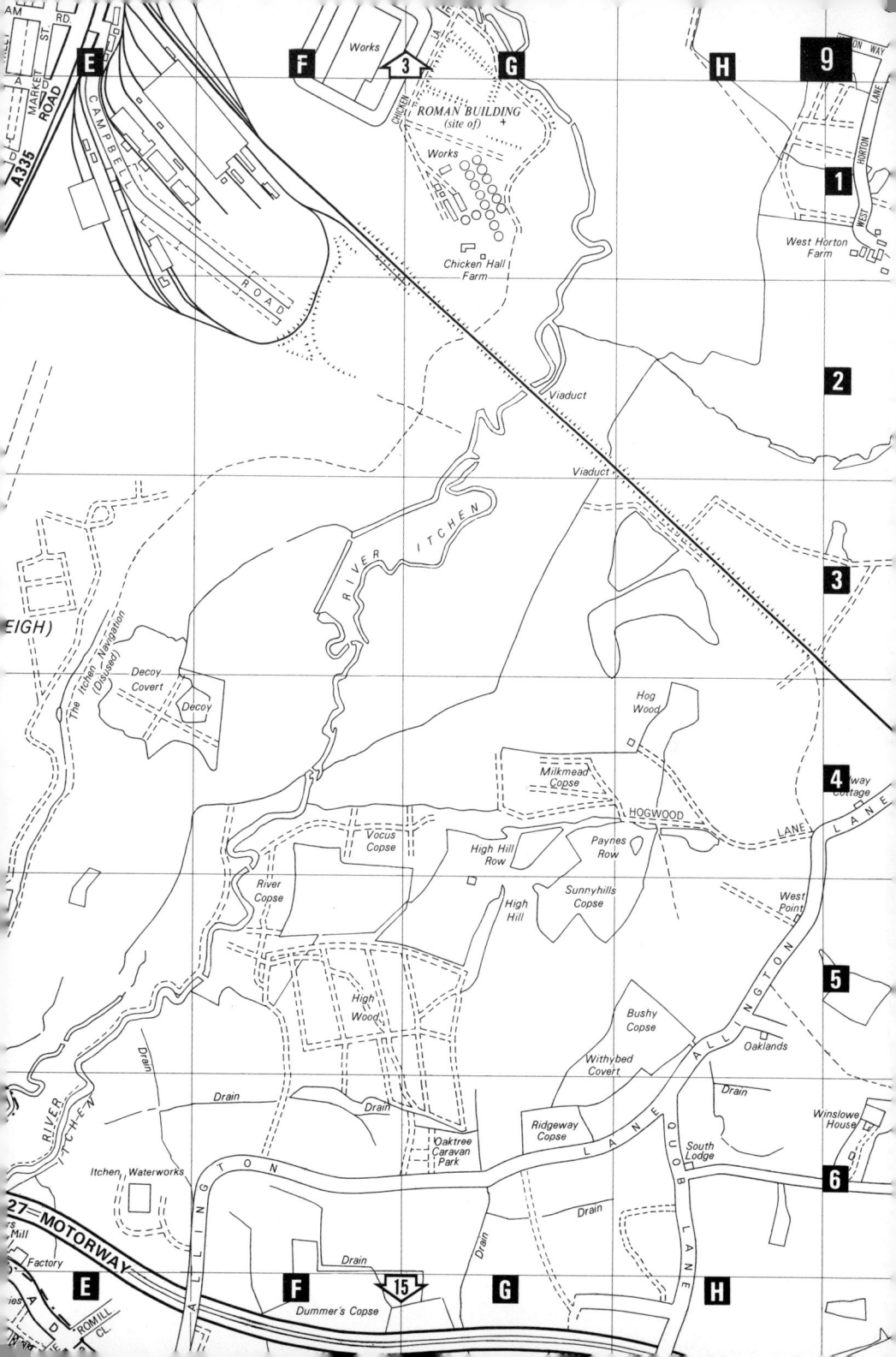

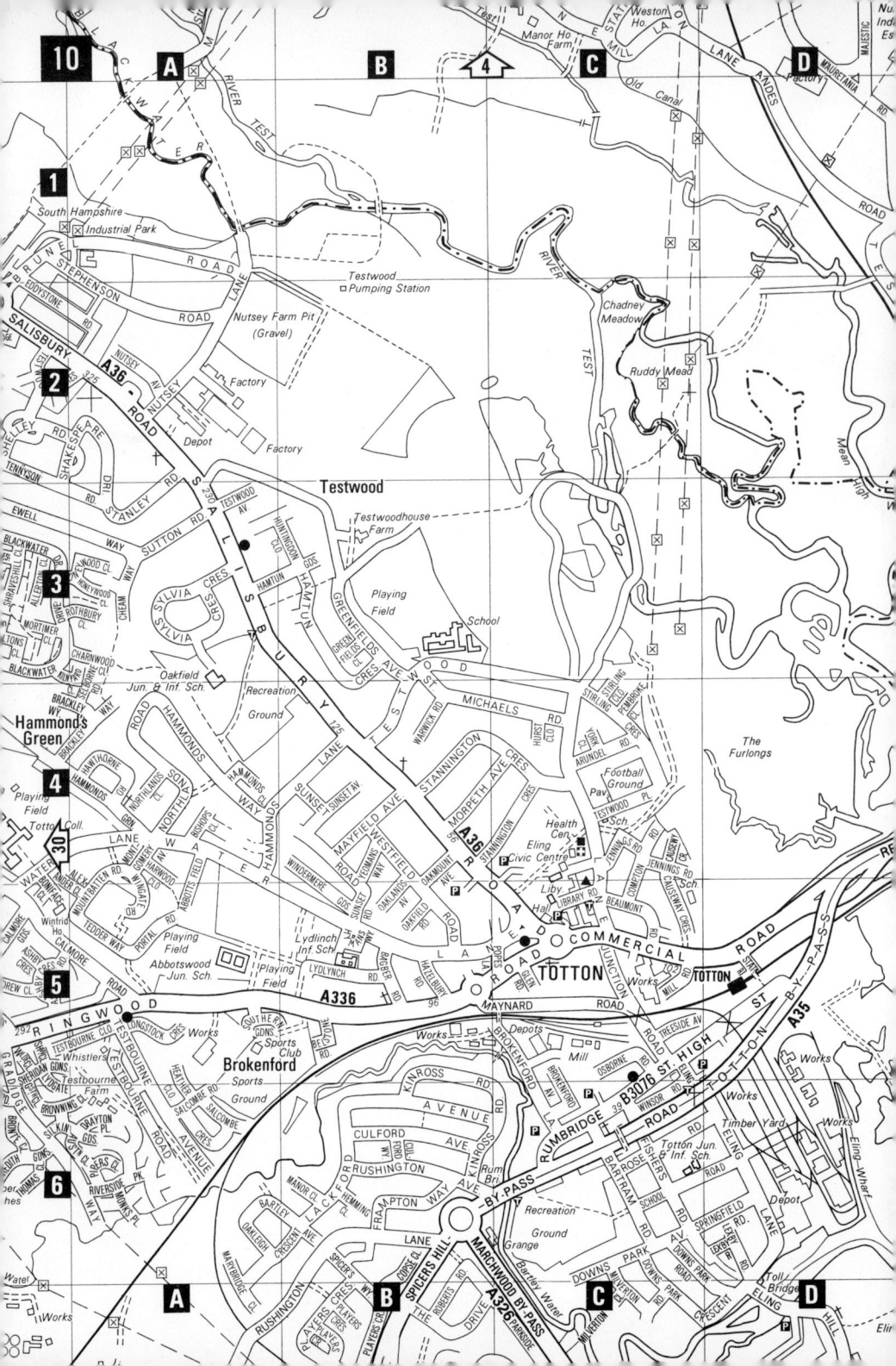

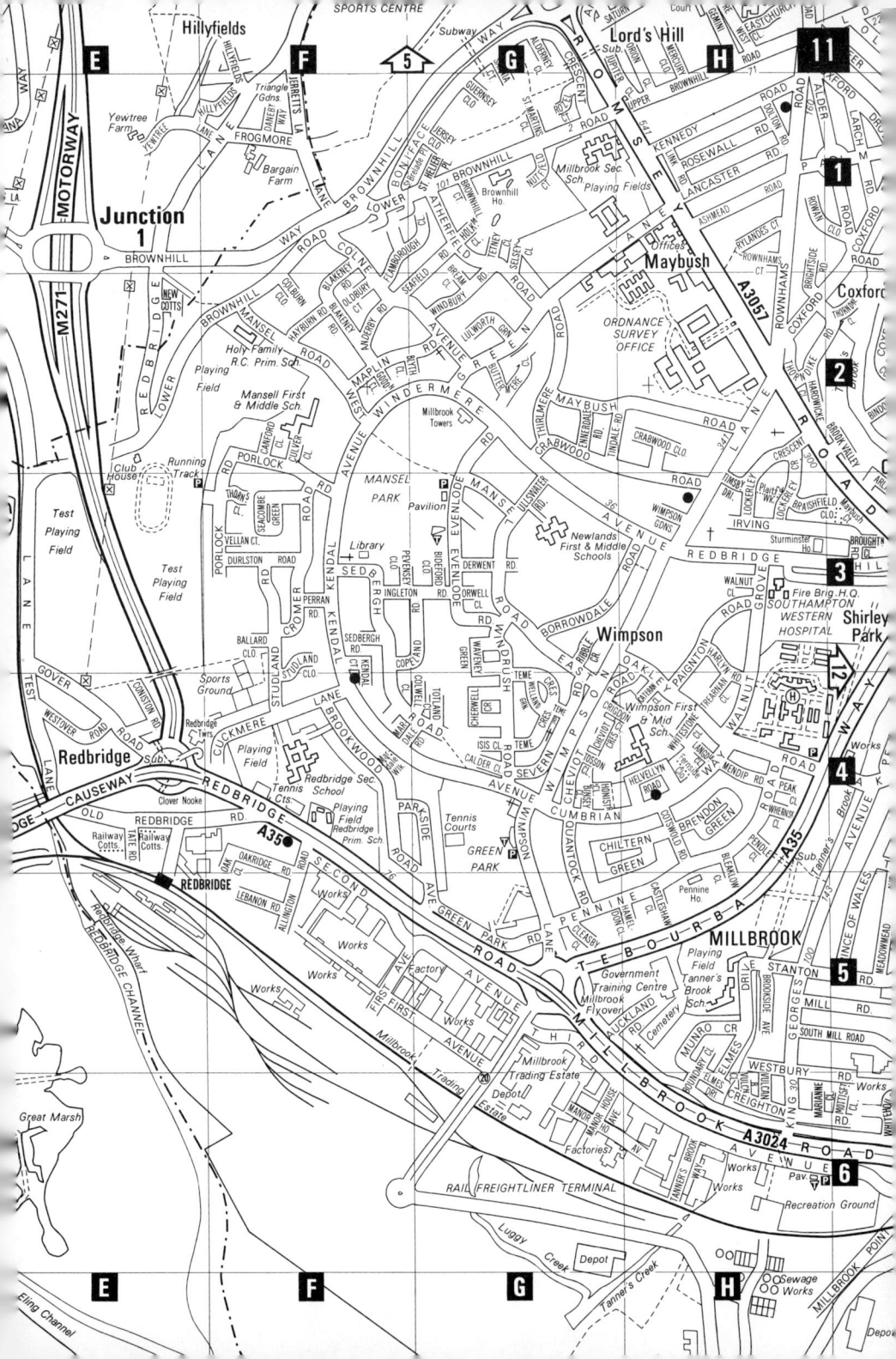

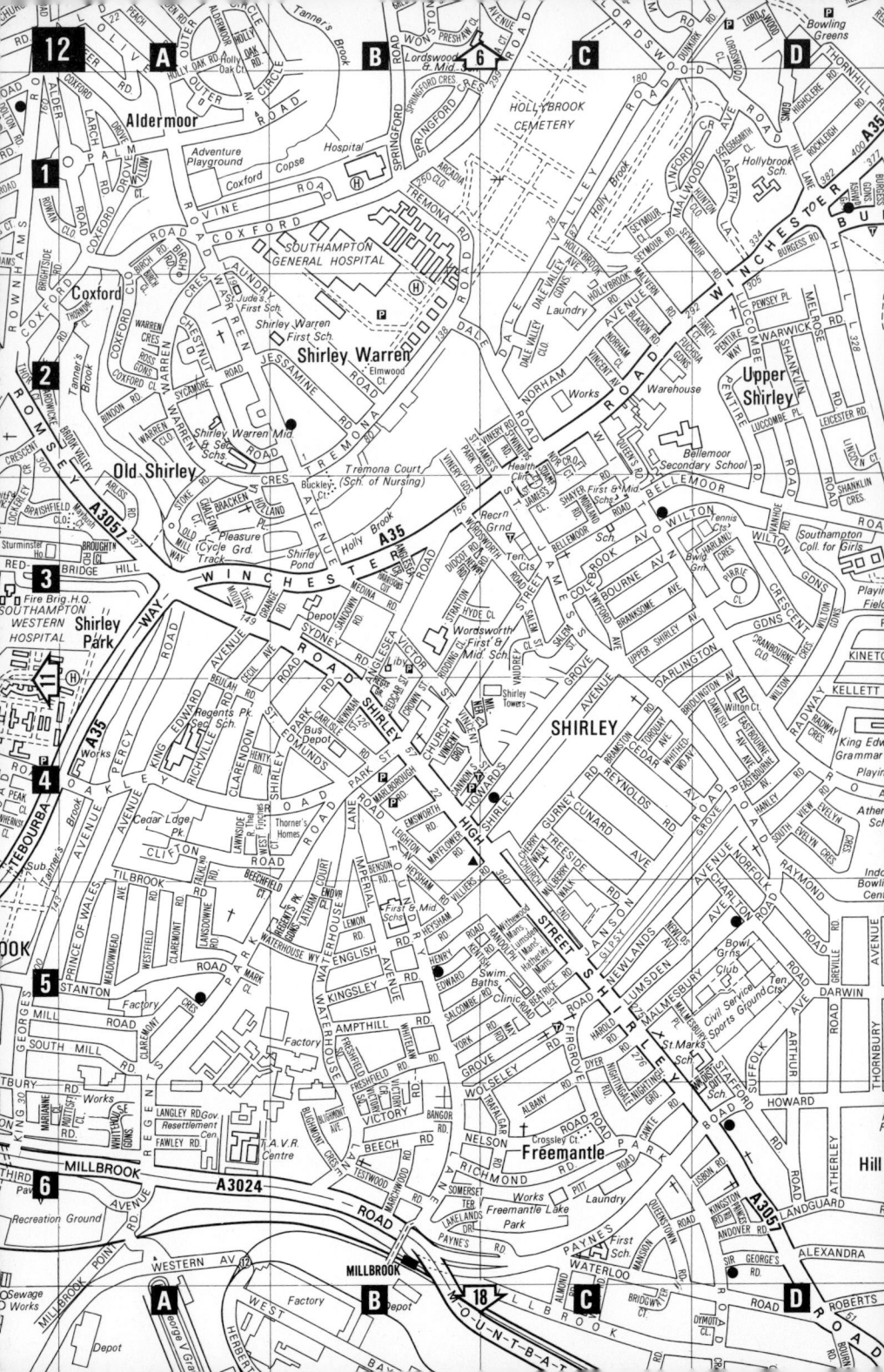

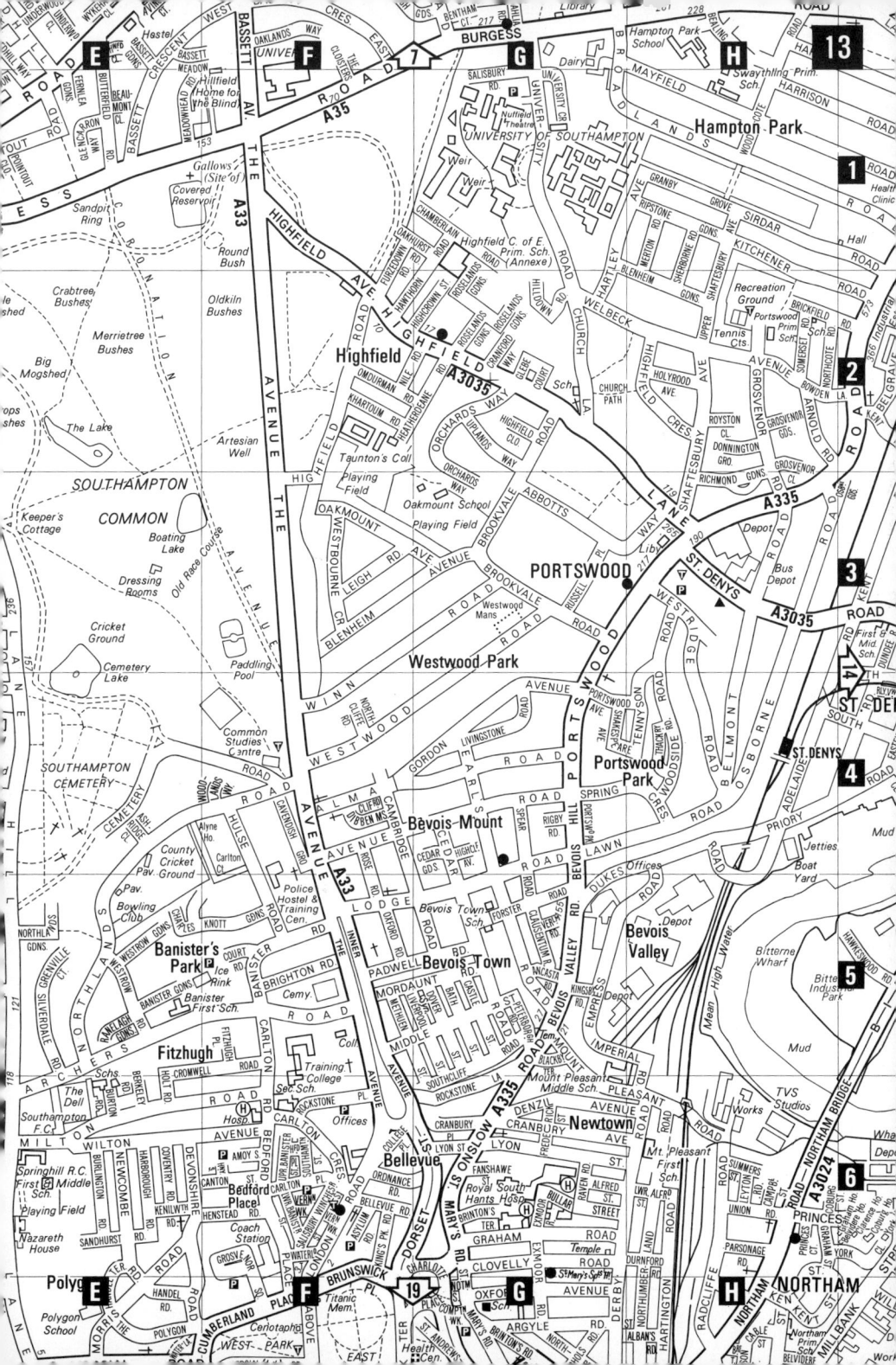

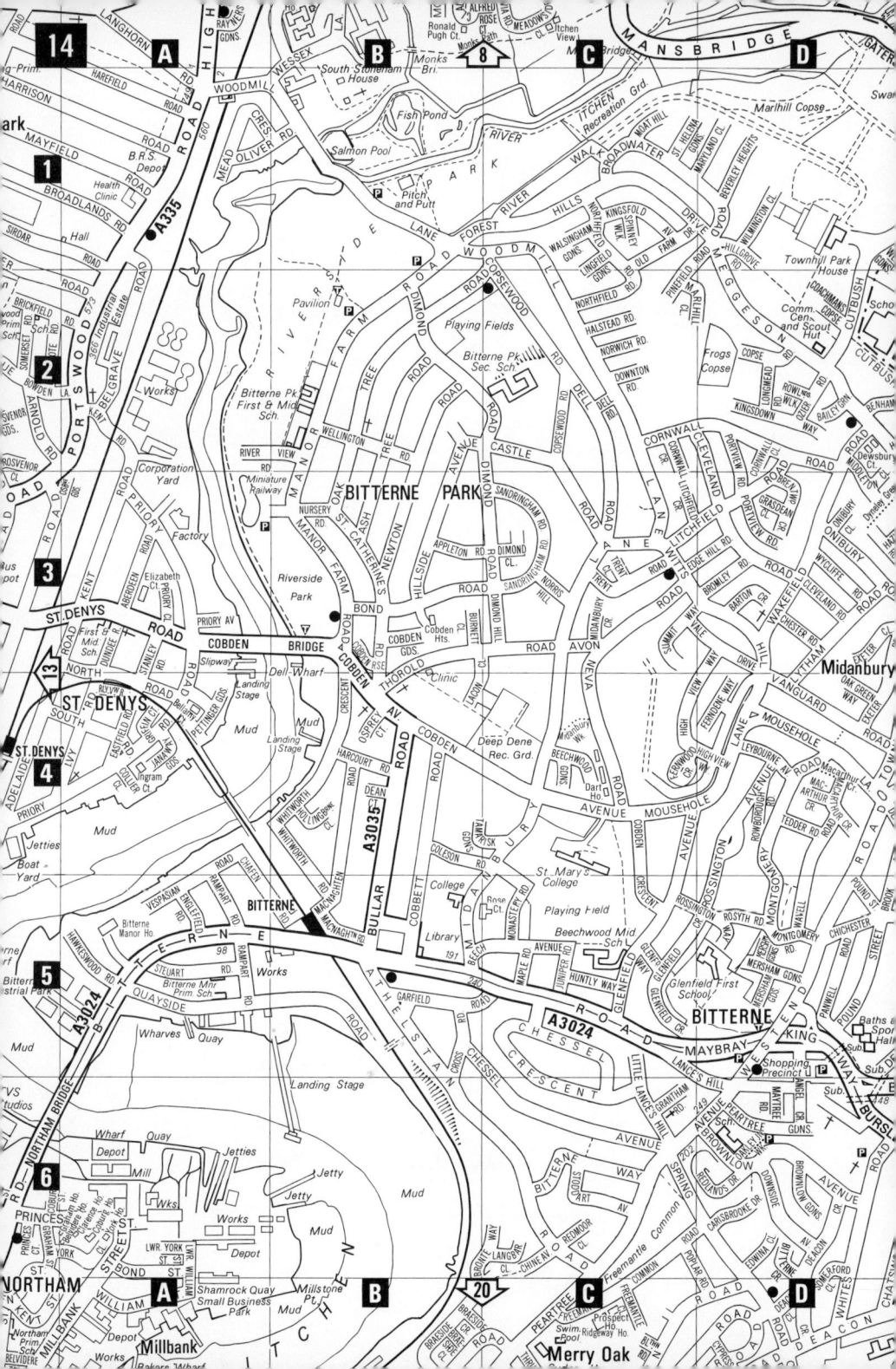

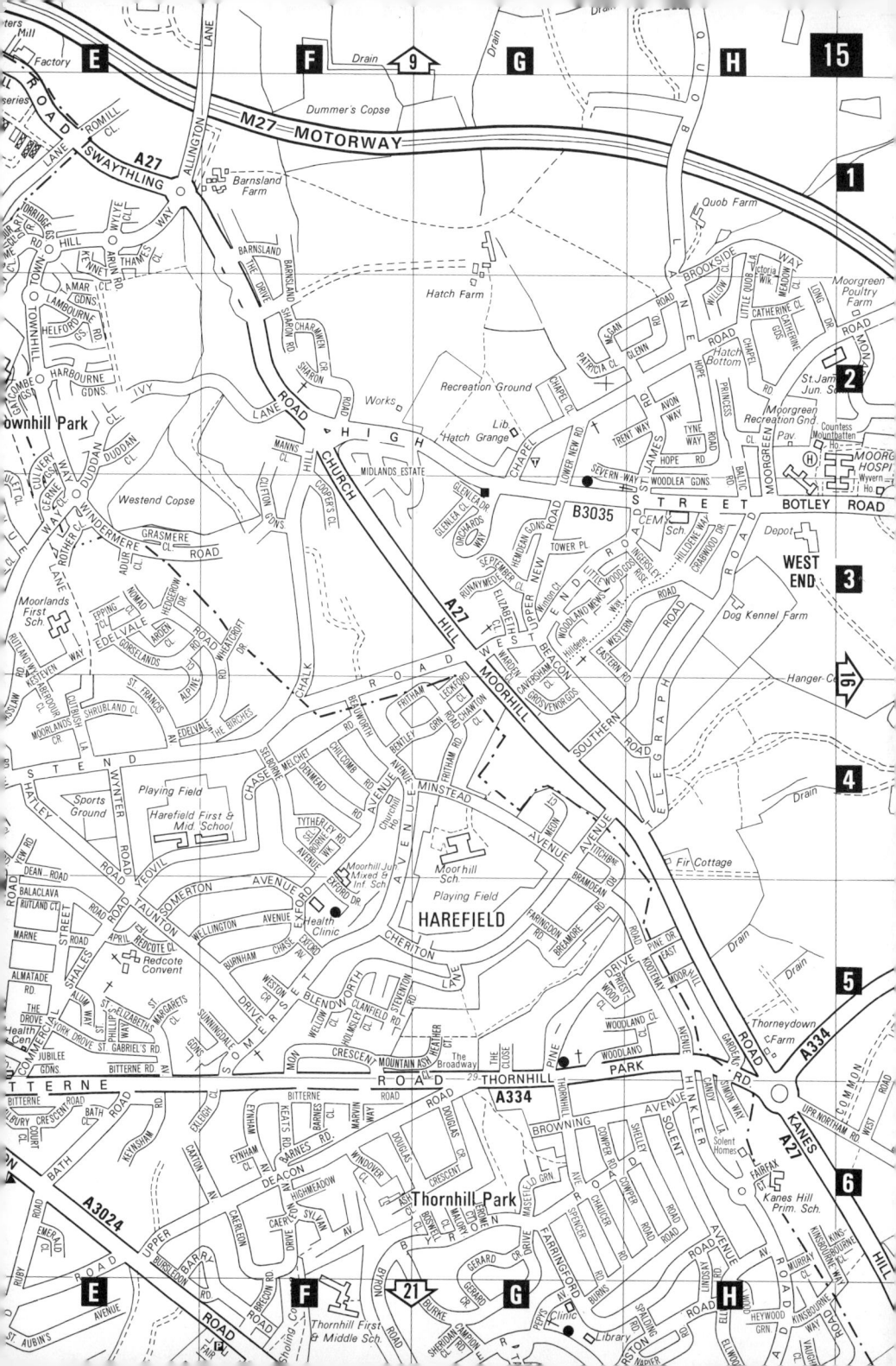

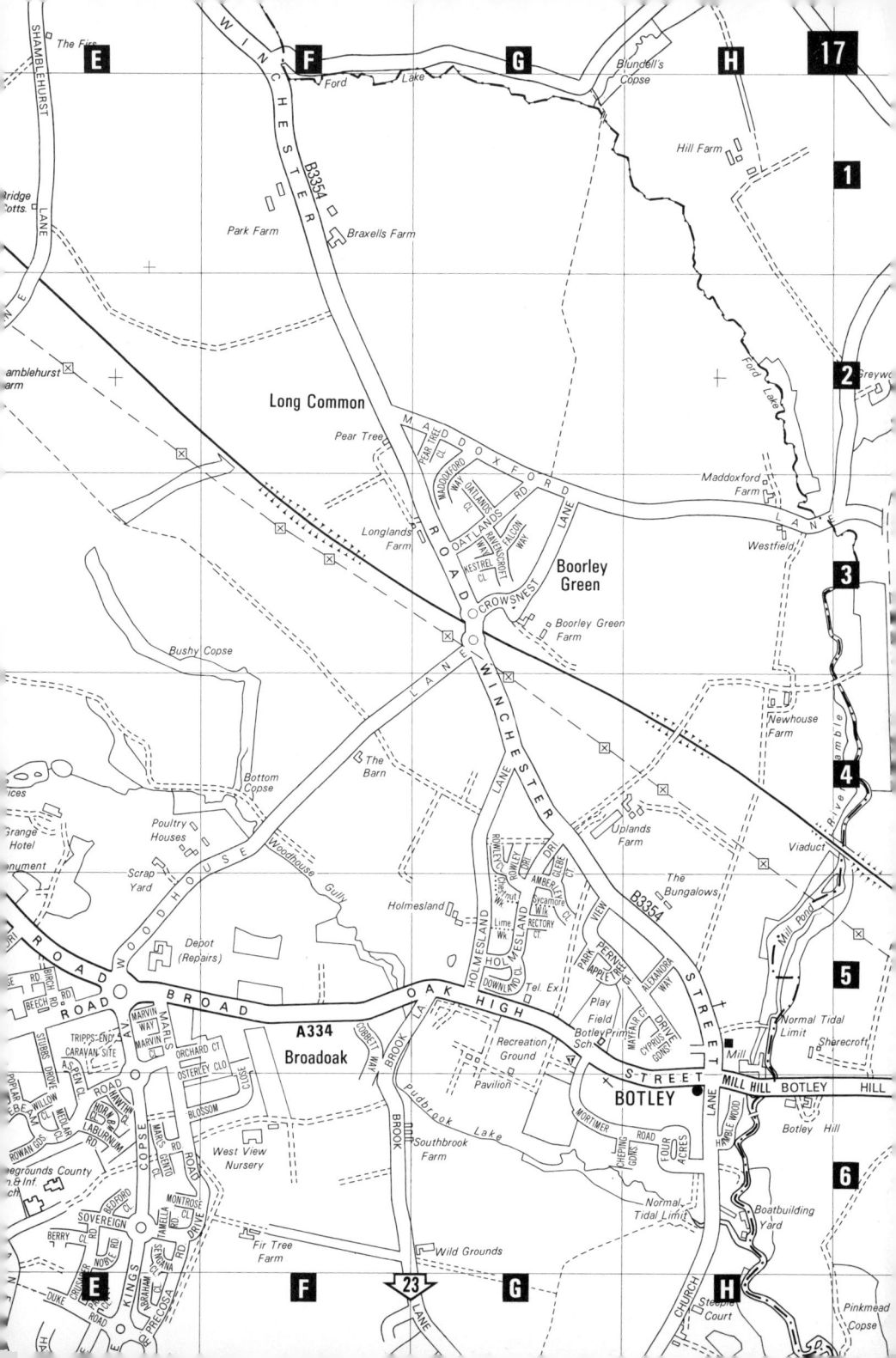

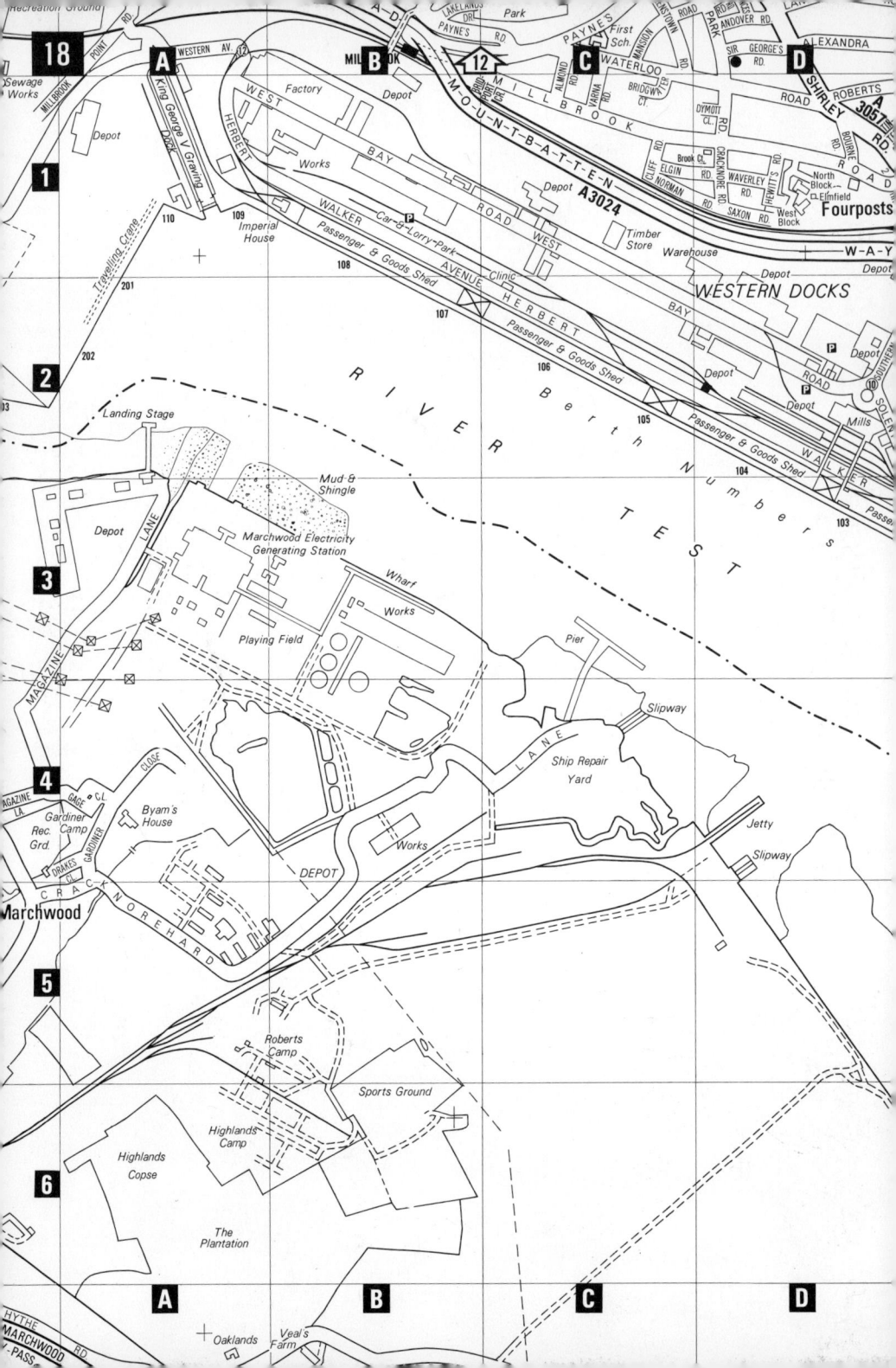

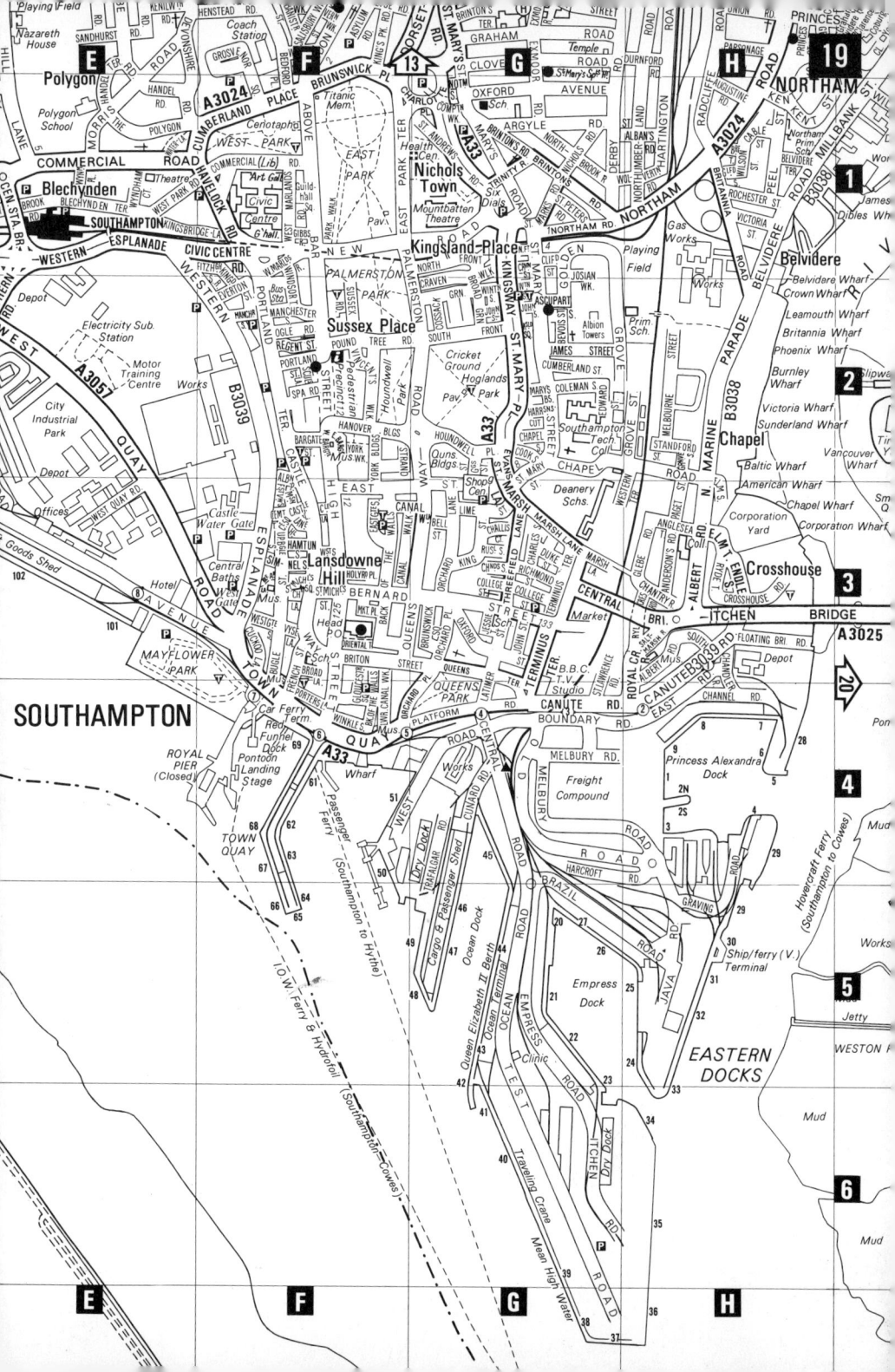

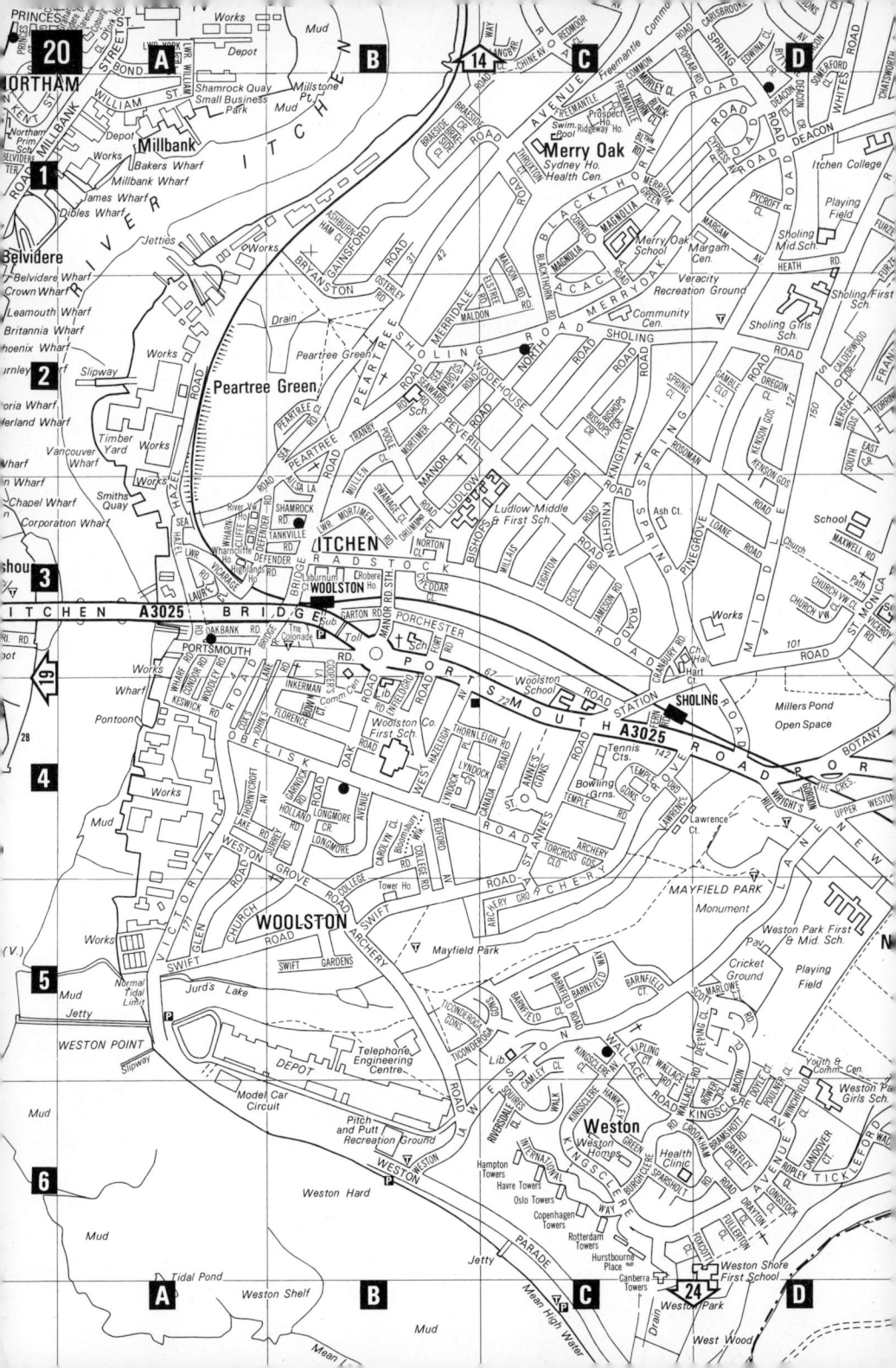

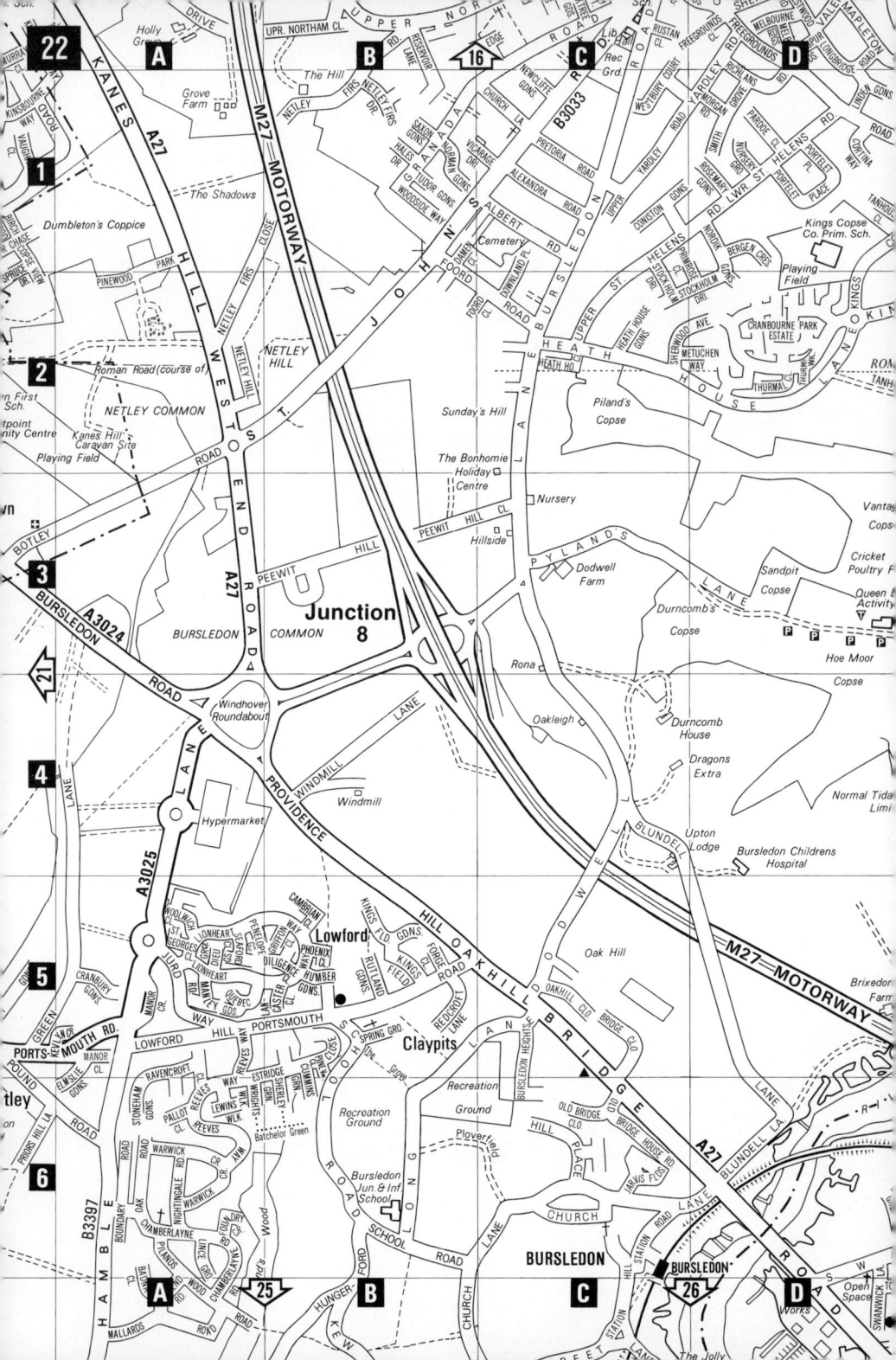

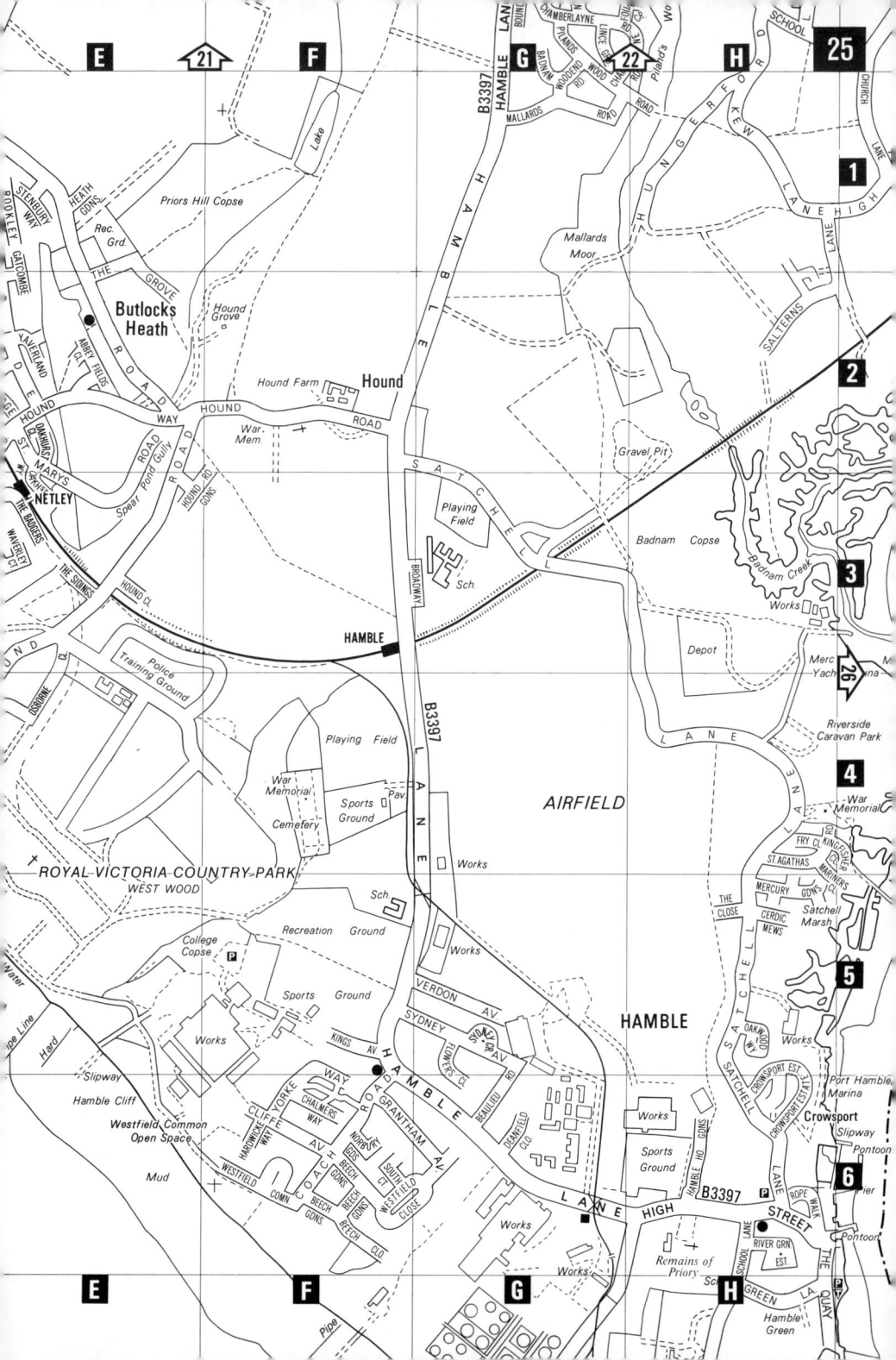

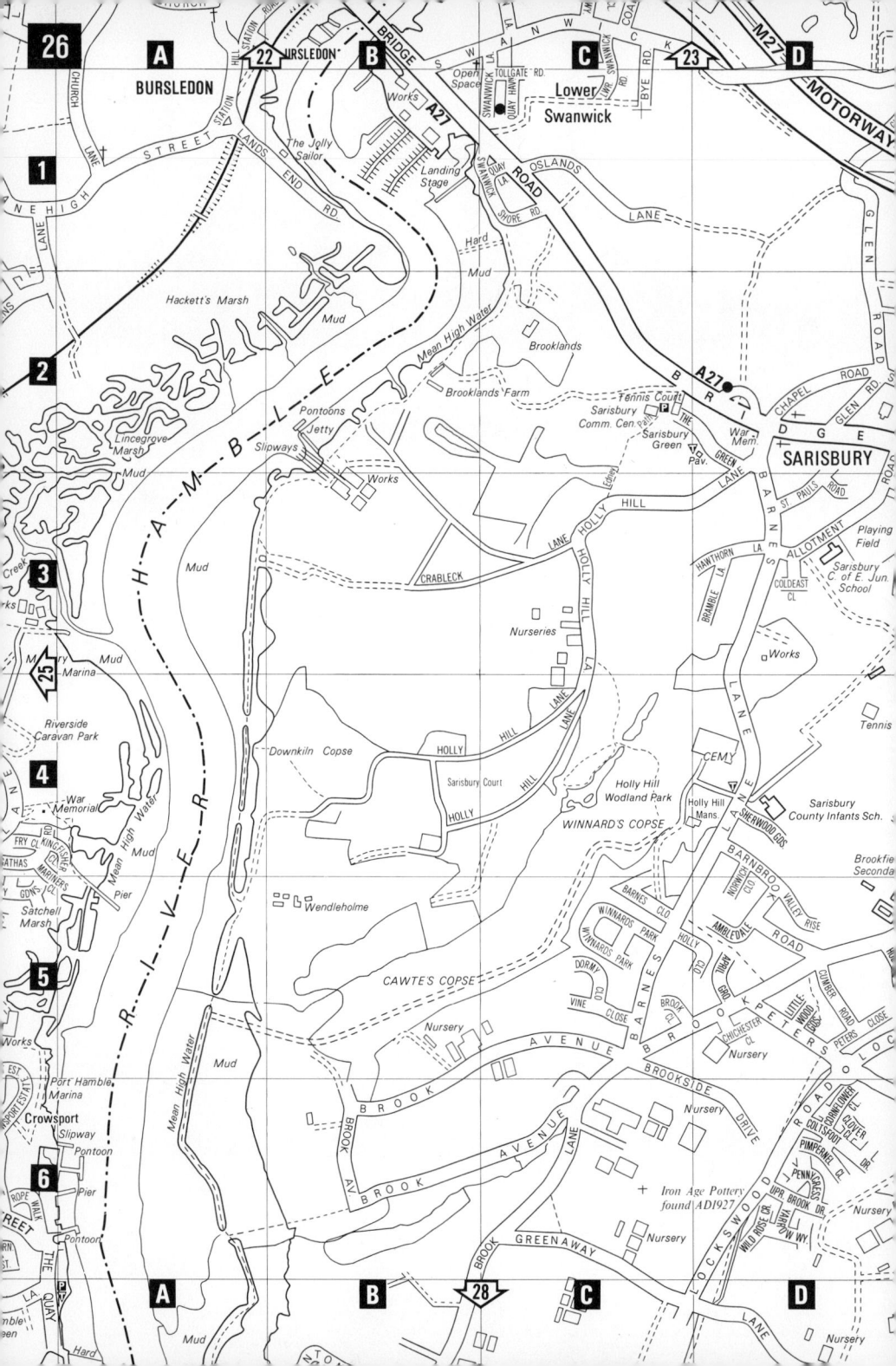

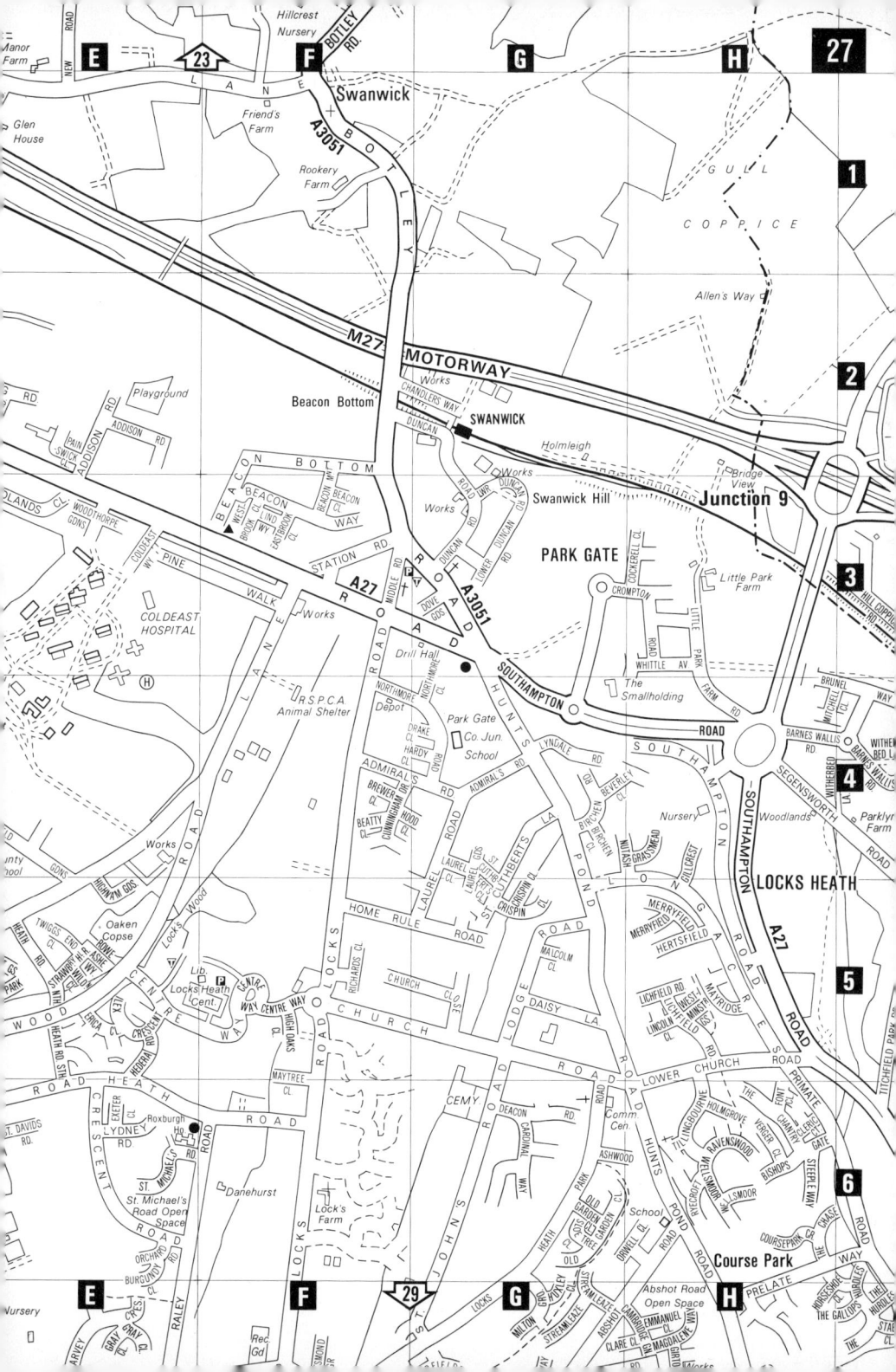

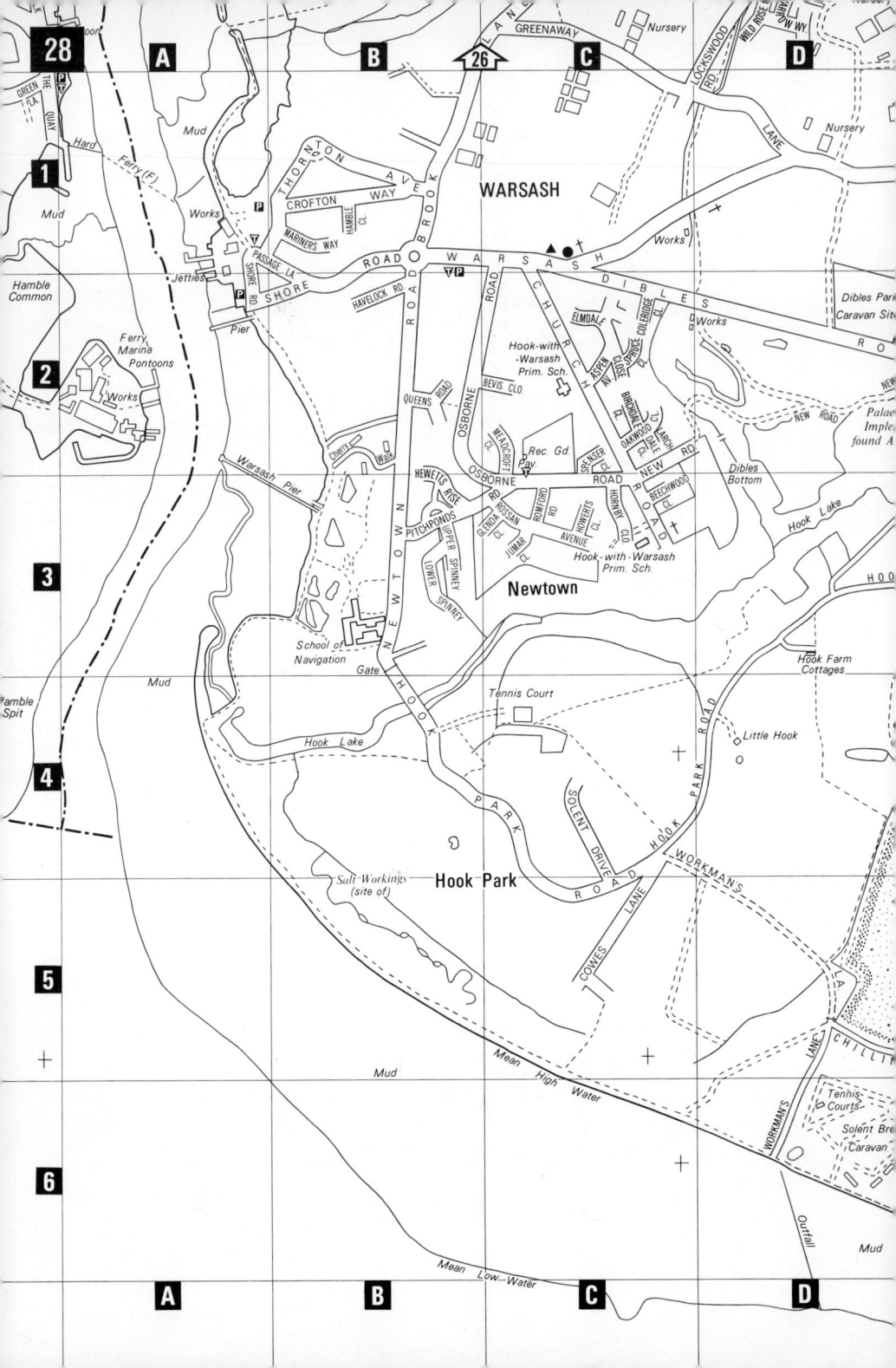

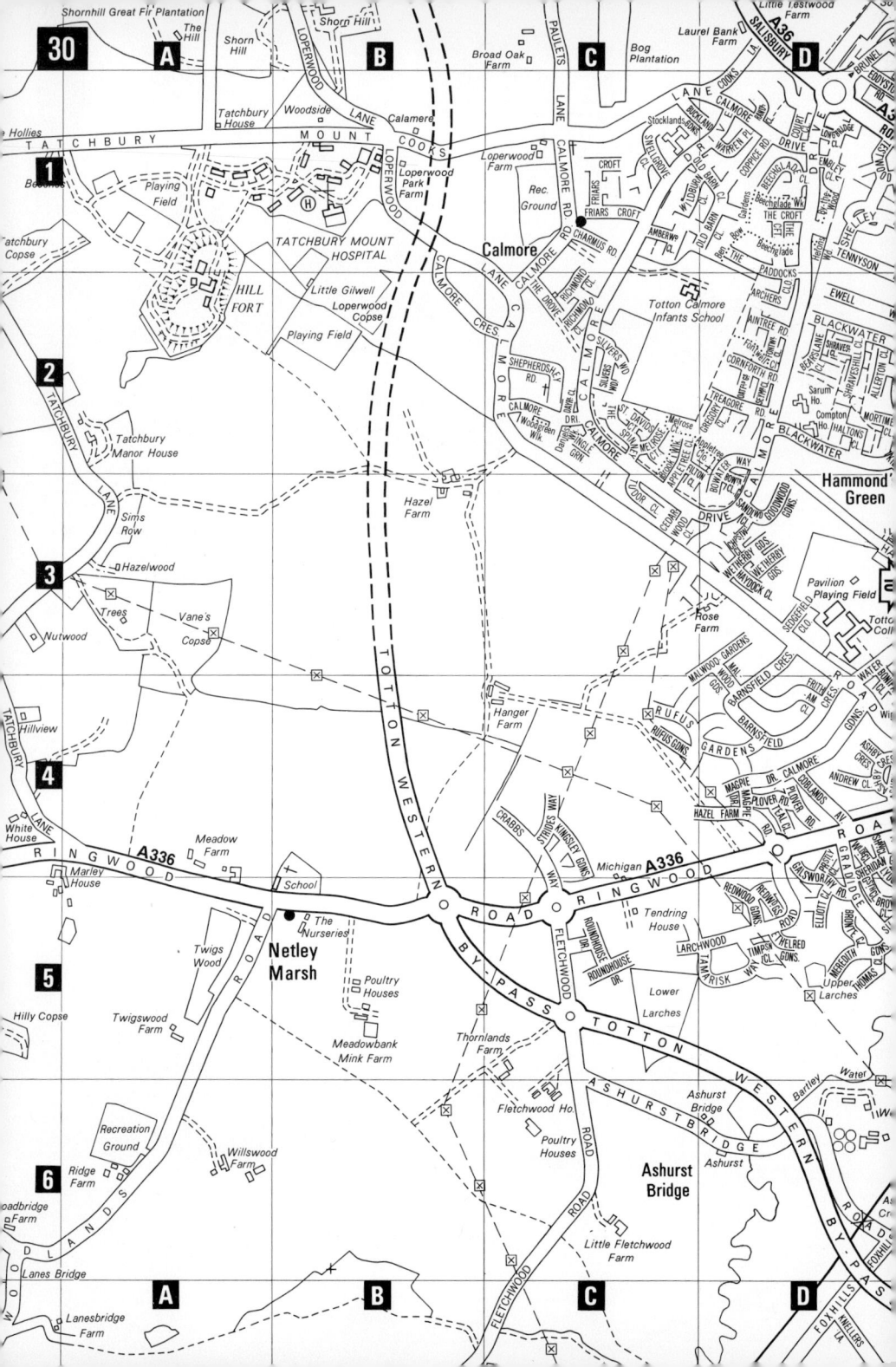

INDEX TO STREETS

HOW TO USE THIS INDEX

(a) A strict alphabetical order is followed in which Av., Rd., St., etc. are read in full and as part of the name preceding them; e.g. Alderney Clo. follows Aldermoor Rd. but precedes Alder Rd.
(b) Each street is followed by its Postal Code District Number and map reference; e.g. Abbey Fields Clo. SO3—2E 25 is in the Southampton 3 Postal Code District and is to be found in square 2E on page 25.
N.B. The Postal Code District Numbers given in this index are, in fact, only the first part of the Postcode to each address and are only meant to indicate the Postal Code District in which each street is situated.

ABBREVIATIONS USED IN THIS INDEX

All : Alley	Clo : Close	Gt : Great	Mt : Mount	SO : Southampton
App : Approach	Comn : Common	Grn : Green	N : North	Sq : Square
Arc : Arcade	Cotts : Cottages	Gro : Grove	Pal : Palace	Sta : Station
Av : Avenue	Ct : Court	Ho : House	Pde : Parade	St : Street
Bk : Back	Cres : Crescent	Junct : Junction	Pk : Park	Ter : Terrace
Boulevd : Boulevard	Dri : Drive	La : Lane	Pas : Passage	Up : Upper
Bri : Bridge	E : East	Lit : Little	Pl : Place	Vs : Villas
B'way : Broadway	Embkmt : Embankment	Lwr : Lower	PO : Portsmouth	Wlk : Walk
Bldgs : Buildings	Est : Estate	Mans : Mansions	Prom : Promenade	W : West
Chyd : Churchyard	Gdns : Gardens	Mkt : Market	Rd : Road	Yd : Yard
Cir : Circus	Ga : Gate	M : Mews	S : South	

Abbey Fields Clo. SO3—2E 25
Abbey Hill. SO3—1B 24
Abbotsbury Rd. SO5—5H 3
Abbotsfield Clo. SO1—5C 6
Abbotts Field. SO4—5A 10
Abbotts Rd. SO5—1C 8
Abbotts Way. SO2—3G 13
Abercrombie Gdns. SO1—6A 6
Aberdeen Rd. SO2—3A 14
Aberdour Clo. SO2—4E 15
Abingdon Gdns. SO1—1E 13
Above Bar St. SO1—1F 19
Abraham Clo. SO3—1E 23
Abshot Clo. PO14—2G 29
Abshot Rd. PO14—1G 29
Acacia Rd. SO2—2C 20
Adcock Ct. SO1—3G 5
Addison Rd. SO3—2F 27
Addison Rd. SO5—3E 3
Adelaide Rd. SO2—4H 13
Admiral's Rd. SO4—4F 27
Adur Clo. SO3—3E15
Ailsa La. SO2—3B 20
Ainsley Gdns. SO1—3D 2
Aintree Rd. SO4—2D 30
Alandale Rd. SO2—2F 21
Alan Drayton Way. SO5—6H 3
Albany Rd. SO1—6C 12
Albert Clo. SO3—4D 24
(in two parts)
Albert Rd. SO3—1C 22
Albert Rd. SO5—3E 3
Albert Rd. N. SO1—3H 19
Albert Rd. S. SO1—3H 19
Albion Pl. SO1—3F 19
Albion Towers. SO1—2G 19
Aldermoor Av. SO1—6A 6
Aldermoor Clo. SO1—6C 6
Aldermoors Rd. SO1—6A 6
Alderney Clo. SO1—6A 5
Alder Rd. SO1—1A 12
Alexander Clo. SO4—4A 10
Alexandra Rd. SO1—6D 12
Alexandra Rd. SO3—1C 22
Alexandra Rd. SO5—1C 2
Alexandra Way. SO3—5H 17
Alfred Rose Ct. SO2—6E 7
Alfred St. SO2—6G 13
Alfriston Gdns. SO3—2E 21
Allbrook Hill. SO5—1E 3
Allbrook Knoll. SO5—1E 3
Allen Rd. SO3—5D 16
Allerton Clo. SO4—2D 30
Allington La. SO3—1E 15
Allington Rd. SO1—5F 11 to 4H 9

Allotment Rd. SO3—3D 26
Alma Rd. SO2—4F 13
Almatade Rd. SO2—5E 15
Almond Rd. SO1—1C 18
Alpine Clo. SO2—4E 15
Alum Way. SO2—2E 15
Alyne Ho. SO1—4F 13
Amberley Clo. SO3—5G 17
Amberwood Clo. SO4—1C 30
Ambledale. SO3—5D 26
Ambleside. SO3—1E 23
Ambleside Gdns. SO2—3E 21
Amoy St. SO1—6F 13
Ampthill Rd. SO1—5B 12
Ancasta Rd. SO2—5G 13
Anderby Rd. SO1—2F 11
Anderson's Rd. SO1—3H 19
Andes Rd. SO1—1D 10
Andover Rd. SO1—6D 12
Andrew Clo. SO4—4D 30
Andromeda Rd. SO1—6G 5
Angel Cres. SO2—6D 14
Anglesea Cres. SO1—3B 12
Anglesea Rd. SO1—3B 12
Anglesea Ter. SO1—3H 19
Anson Dri. SO2—2F 21
Apollo Rd. SO5—1C 2
Appleton Rd. SO2—1H 13
Appletree Clo. SO4—2C & 2D 30
Appletree Ct. SO3—5G 17
April Clo. SO2—5E 15
April Gro. SO3—5D 26
Arcadia Clo. SO1—1B 12
Archers Clo. SO4—2D 30
Archers Rd. SO5—5E 13
Archers Rd. SO5—4D 2
Archery Gdns. SO1—4C 20
Archery Gro. SO1—5C 20
Archery Rd. SO2—5B 20
Archway Ct. SO2—5B 8
Arden Clo. SO2—3E 15
Ardnave Cres. SO1—5E 15
Argyle Rd. SO2—1G 19
Ariss Rd. SO1—3A 12
Armstrong Ct. SO1—5H 5
Arnheim Clo. SO1—6C 6
Arnheim Rd. SO1—6C 6
Arnold Rd. SO2—2H 13
Arnold Rd. SO5—2D 8
Arreton. SO3—2D 24
Arthur Rd. SO1—5D 12
Arthur Rd. SO5—4E 3
Arundel Rd. SO4—4C 10
Arundel Rd. SO5—2D 2
Arun Clo. SO3—1E 15

Ascupart St. SO1—2G 19
Asford Gro. SO5—4G 3
Ashburnham Clo. SO2—1B 20
Ashby Cres. SO4—4D 30
Ashby Rd. SO2—4F 21
Ashby Rd. SO4—4D 30
Ash Clo. SO2—6F 15
Ash Ct. SO2—3C 20
Ashley Cres. SO2—5F 21
Ashley Gdns. SO5—3B 2
Ashmead Rd. SO1—1H 11
Ashridge Clo. SO1—4E 13
Ash Tree Rd. SO2—3B 14
Ashurstbridge Rd. SO4—6C 30
Ashwood. SO3—6G 27
Ashwood Gdns. SO1—1D 21
Aspen Av. SO3—2C 28
Aspen Clo. SO3—6E 17
Aster Rd. SO2—6A 8
Astral Gdns. SO2—6F 13
Asylum Rd. SO1—6F 13
Athelstan Rd. SO2—5B 14
Atherfield Rd. SO1—1G 11
Atherley Rd. SO1—6D 12
Auckland Rd. SO1—5H 11
Augustine Rd. SO2—1H 19
Augustus Clo. SO5—1C 2
Augustus Way. SO5—1C 2
Austen Clo. SO4—6A 10
Avenue Rd. SO2—4F 13
Avenue, The. SO1 & SO2
—1F to 6F 13
Avington Clo. SO5—3H 3
Avington Ct. SO1—6E 7
Avon Clo. SO3—3D 24
Avon Grn. SO5—3A 2
Avon Rd. SO2—3C 14
Avon Way. SO3—2H 15

Back of the Walls. SO1—3F & 4F 19
Bacon Clo. SO2—6D 20
Bader Clo. SO3—4D 16
Badgers, The. SO3—3E 25
Badnam Clo. SO3—6A 22
Bagber Rd. SO4—5B 10
Bailey Grn. SO2—2D 14
Bakers Drove. SO1—5G 5
Balaclava Rd. SO2—6E 15
Balfour Rd. SO2—1F 21
Ballard Clo. SO1—3F 11
Balliol Clo. PO14—1G 29
Balmoral Clo. SO1—5C 6
Baltic Rd. SO3—3H 15
Banbury Av. SO2—2F 21
Bangor Rd. SO1—6B 12
Banister Gdns. SO1—5E 13

Banister Rd. SO1—5F 13
Bank Side. SO2—6B 8
Bargate St. SO1—2F 19
Barnbrook Rd. SO3—4D 26
Barnes Clo. SO2—6F 15
Barnes Clo. SO3—5C 26
Barnes La. SO3—5C to 3D 26
Barnes Rd. SO2—6F 15
Barnes Wallis Rd. PO15—4H 27
Barnfield Clo. SO2—5C 20
Barnfield Ct. SO2—5C 20
Barnfield Rd. SO2—5C 20
Barnfield Way. SO2—5C 20
Barnsfield Cres. SO4—4D 30
Barnsland. SO3—1F 15
Barrington Clo. SO5—3C 2
Barry Rd. SO2—6E 15
Bartley Av. SO4—6A 10
Barton Cres. SO2—3D 14
Barton Dri. SO3—5D 16
Barton Pk. Industrial Est. SO5
—5F 3
Barton Rd. SO5—5F 3
Bartram Rd. SO4—6C 10
Bassett Av. SO1—6F 7
Bassett Clo. SO2—6F 7
Bassett Ct. SO1—6F 7
Bassett Cres. E. SO2—6F 7
Bassett Cres. W. SO1—1E 13
Bassett Dale. SO1—4E 7
Bassett Gdns. SO1—6E 7
Bassett Grn. SO2—5H 7
Bassett Grn. Clo. SO2—4G 7
Bassett Grn. Ct. SO2—5H 7
Bassett Grn. Dri. SO2—4G 7
Bassett Grn. Rd. SO2—3F 7
Bassett Heath Av. SO1—3E 7
Bassett Meadow. SO1—6E 7
Bassett Row. SO1—4E 7
Bassett Wood Dri. SO2—4F 7
Bassett Wood Rd. SO2—4F 7
Batchelor Grn. SO3—6B 22
Bath Clo. SO2—6E 15
Bath Rd. SO2—6E 15
Bath St. SO2—5G 13
Baxter Rd. SO2—1H 21
Bay Rd. SO2—3E 21
Beach La. SO3—3C 24
Beacon Bottom. SO3—3F 27
Beacon Clo. SO3—3F 27
Beacon Mt. SO3—3F 27
Beacon Rd. SO3—3G 15
Beacon Way. SO3—3F 27
Bealing Clo. SO2—6H 7
Bearslane Clo. SO4—2D 30

Beatrice Rd. SO1—5C 12
Beatty Clo. SO3—4F 27
Beatty Ct. SO2—1F 21
Beaulieu Clo. SO1—5B 6
Beaulieu Rd. SO2—6G 25
Beaulieu Rd. SO5—4D 2
Beaumont Clo. SO1—1E 13
Beaumont Rd. SO4—5C 10
Beauworth Av. SO2—4F 15
Bedford Av. SO2—4B 20
Bedford Clo. SO3—6E 17
Bedford Pl. SO1—6F 13
Bedwell Clo. SO1—4H 5
Beech Av. SO2—5B 14
Beech Clo. SO3—6F 25
Beechcroft Clo. SO5—2B 2
Beechcroft Way. SO5—2B 2
Beechfield Ct. SO1—4A 12
Beechglade. SO4—1D 30
Beechglade Clo. SO4—1D 30
Beechglade Wlk. SO4—1D 30
Beech Gdns. SO3—6F 25
Beechmount Rd. SO2—5F 7
Beech Rd. SO1—6B 12
Beech Rd. SO3—5E 17
Beechwood Clo. SO3—3C 28
Beechwood Gdns. SO2—4C 14
Begonia Rd. SO2—6G 7
Belgrave Rd. SO2—2A 14
Bellamy Ct. SO2—4A 14
Bellemoor Rd. SO1—3C to 3D 12
Bellevue Rd. SO2—6F 13
Bellevue Rd. SO5—4E 3
Bell St. SO1—3G 19
Belmont Rd. SO2—4H 13
Belmont Rd. SO5—5A 2
Belstone Rd. SO4—5B 10
Belton Rd. SO2—3F 21
Belvidere Ho. SO1—6A 14
Belvidere Rd. SO1—1H 19
Belvidere Ter. SO1—1H 19
(in two parts)
Bembridge. SO3—2E 25
Bembridge Clo. SO2—5A 8
Ben Bow Gdns. SO4—1D 30
Bencroft Ct. SO2—4H 7
Benhams Rd. SO2—2D 14
Benson Rd. SO1—4B 12
Bentham Ct. SO2—6G 7
Bentham Way. SO3—6E 23
Bentley Grn. SO2—4F 15
Beresford Clo. SO5—3B 2
Beresford Gdns. SO5—2B 2
Beresford Rd. SO5—3B 2
Bergen Cres. SO3—1D 22

31

Berkeley Rd. S01—6E 13
Bernard St. S01—3F 19
Berry Clo. S03—6E 17
Beulah Rd. S01—4A 12
Beverley Clo. S03—4G 27
Beverley Gdns. S03—5H 21
Beverley Heights. S02—1D 14
Bevis Clo. S03—2C 28
Bevois Hill. S02—4G 13
Bevois St. S01—2G 19
Bevois Valley Rd. S02—5G 13
Bideford Rd. S01—3G 11
Bindon Rd. S01—2A 12
Binsey Clo. S01—4G 11
Binstead Clo. S02—5A 8
Birch Clo. S01—2A 12
Birchdale Clo. S03—2C 28
Birchen Clo. S03—4G 27
Birchen Rd. S03—4G 27
Birches, The. S02—4F 15
Birch Gro. S05—1D 2
Birch Rd. S01—2F 7
  (Chilworth)
Birch Rd. S01—1A 12
  (Coxford)
Birch Rd. S03—5E 17
Birch Wood. S02—1H 21
Bishops Clo. S04—4A 10
Bishops Ct. S05—3H 3
Bishops Cres. S02—2C 20
Bishops Ga. P014—6H 27
Bishops Rd. S02—3B 20
Bishopstoke Rd. S05—5E 3
  (Eastleigh)
Bishopstoke Rd. S05—2H 3
  (Stoke Common)
Bisley Ct. S02—4E 21
Bitterne Cres. S02—6D 14
Bitterne Industrial Pk. S02
             —5H 13
Bitterne Manor Ho. S02—5A 14
Bitterne Rd. S02—5A 14 to 6G 15
Bitterne Way. S02—6C 14
Blackberry Ter. S02—5G 13
Blackbird Rd. S05—6A 2
Blackbushe Clo. S01—5H 5
Blackthorn Clo. S01—1C 20
Blackthorn Rd. S02—1C 20
Blackwater Dri. S04—2D 30
Bladon Rd. S01—5C 22
Blakeney Rd. S01—2F 11
Blaklow Clo. S01—4H 11
Blechynden Ter. S01—1E 19
Blendworth La. S02—5F 15
Blenheim Av. S02—3F 13
Blenheim Gdns. S02—2H 13
Blenheim Rd. S05—6D 2
Blighmont Av. S01—6B 12
Blighmont Cres. S01—6B 12
Bloomsbury Wlk. S02—4B 20
Blossom Clo. S03—6F 17
Blue Anchor La. S01—3F 19
Bluebell Rd. S02—6H 7
Blundell La. S03—4C 22
Blyth Clo. S01—2G 11
Bodmin Rd. S01—3F 19
Bodycoats Rd. S05—2A 2
Boldrewood Clo. S05—5H 3
Boldrewood Rd. S01—6E 7
Bonchurch Clo. S02—5A 8
Bond Rd. S02—3B 14
Bond St. S01—6A 14
Boniface Clo. S04—4D 30
Boniface Cres. S01—1G 11
Borrowdale Rd. S01—3G 11
Bossington Clo. S05—5G 5
Boston Ct. S05—1A 2
Bosville. S05—2D 2
Boswell Clo. S02—6G 15
Botany Bay Rd. S02—4D 20
Botley Hill. S03—6H 17
Botley Rd. S02—4F 21 to 2A 22
Botley Rd. S03—6H 23 to 3G 17
  (Swanwick)

Botley Rd. S03—3A 16
  (West End)
Boundary Clo. S01—6H 11
Boundary Rd. S01—4G 19
Boundary Rd. S03—6A 22
Bourne Av. S01—3C 12
Bournemouth Rd. S05—3A 2
Bourne Rd. S01—1D 18
Bowater Clo. S04—3D 30
Bowater Way. S04—3D 30
Bowcombe. S03—1D 24
Bowden La. S02—2H 13
Bower Clo. S02—6D 20
Bowman Ct. S02—3E 21
  (Sholing)
Bowman Ct. S02—4B 20
  (Woolston)
Boyatt La. S05—1D 2
Boyatt Shopping Centre. S05—3D 2
Bracken La. S01—3A 12
Bracken Pl. S02—2F 7
Brackley Way. S04—4A 10
Brading Clo. S02—5A 8
Bradley Grn. S01—6B 6
Braeside Clo. S02—1B 20
Braeside Cres. S02—1B 20
Braeside Rd. S02—1B 20
Braishfield Clo. S01—3H 11
Bramble La. S03—3D 26
Brambling Clo. S01—4B 6
Brambridge Rd. S05—1F 3
Bramdean Rd. S02—5G 15
Bramley Cres. S02—4E 21
Brampton Manor. S02—5F 7
Bramshott Rd. S02—6D 20
Bramston Rd. S01—4C 12
Branksome Av. S01—3C 12
Bransbury Clo. S01—6C 6
Brasenose Clo. P014—1G 29
Brazil Rd. S01—5G 19
Bream Clo. S01—2G 11
Breamore Clo. S05—2E 3
Breamore Rd. S02—5G 15
Brecon Rd. S02—1F 21
Brendon Grn. S01—4H 11
Brentwood Cres. S02—3D 14
Brewer Clo. S04—4F 27
Brickfield La.—S05—3A 2
Brickfield Rd. S02—2H 13
Bridge Clo. S05—5C 22
Bridge Rd. S02—3B 20
  (in two parts)
Bridge Rd. S03—5C 22 to 3G 27
Bridgers Clo. S01—4G 5
Bridges Clo. S05—5C 2
Bridgewater Ct. S01—1C 18
Bridlington Av. S01—4D 12
Bridport Cres. S01—1C 18
Brighstone Clo. S02—5A 8
Brighton Rd. S01—5F 13
Brightside Rd. S01—2H 11
Brindle Clo. S02—5G 7
Brinton's Rd. S02—1G 19
Brinton's Ter. S02—6G 13
Britannia Rd. S01—1H 19
Briton St. S01—3F 19
Broad Grn. S01—2G 19
Broadlands Av. S05—2D 2
Broadlands Rd. S02—6G 7
Broad La. S01—3F 7
Broadmead Rd. S01—4F 5
Broad Oak. S03—5F 17
Broadwater Rd. S02—1C 14
Broadway. S03—3F 25
Broadway, The. S02—5G 15
Brokenford Av. S04—6C 10
Brokenford La. S04—5C 10
Bromley Rd. S02—3D 14
Bronte Clo. S04—5D 30
Bronte Way. S02—6E 15
Brook Av. S03—6B 26
Brook Clo. S03—6C 26
Brook Ct. S01—1D 18
Brookfield Gdns. S03—4E 27

Brook La. S03—6F 17
  (Botley)
Brook La. S03—1B 28 to 3F 27
  (Warsash)
Brook Rd. S02—5D 14
Brookside Av. S01—5H 11
Brookside Dri. S03—5C 26
Brookside Way. S02—6B 8
Brookside Way. S03—1H 15
Brookvale Rd. S02—3G 13
Brook Valley. S01—2A 12
Brook Wlk. S04—2C 30
Brookwood Av. S05—5D 2
Brookwood Rd. S01—4F 11
Broom Hill Way. S05—1D 2
Brooms Gro. S02—3H 21
Broughton Clo. S01—3A 12
Brownhill Clo. S05—1A 2
Brownhill Ct. S01—1G 11
Brownhill Gdns. S05—1A 2
Brownhill Rd. S05—1A 2
Brownhill Way. S01—1E 11
Browning Av. S02—6G 15
Browning Clo. S04—5D 30
Browning Clo. S05—5C 2
Brownlow Av. S02—6D 14
Brownlow Gdns. S02—6D 14
Brownsholme Clo. S05—2D 2
Brownwich La. P014—6G 30 to 3H 29
Brunel Rd. S04—1A 10
Brunel Way. P015—4H 27
Brunswick Pl. S01—1F 19
Brunswick Sq. S01—3G 19
Bryanston Rd. S02—1B 20
Bubb La. S03—1B 16
Buchanan Rd. S01—5H 5
Buckland Clo. S05—2D 2
Buckland Gdns. S01—4C 10
Buckley Ct. S01—3B 12
Bugle St. S01—3F 19
  (in two parts)
Bullar Rd. S02—5B 14
Bullar St. S02—6G 13
Burgess Gdns. S01—1D 12
Burgess Rd. S01—1D 12 to 6A 8
Burghclere Rd. S02—6C 20
Burgoyne Rd. S02—2H 21
Burgundy Clo. S03—6E 27
Burke Dri. S02—6F 15
Burlington Rd. S01—6E 13
Burnett Clo. S02—3B 14
Burnetts La. S03—1B 16
Burnham Chase. S02—5F 15
Burns Clo. S05—6C 2
Burns Rd. S02—1G 21
Burns Rd. S05—6C 2
Burridge Rd. S03—4H 23
Bursledon Heights. S03—5C 22
Bursledon Rd. S02 & S03
             —6D 14 to 4A 22
Bursledon Rd. S02—2C 22
Burton Rd. S01—6E 13
Butterfield Rd. S01—1E 13
Buttermere Clo. S01—2G 11
Butt's Clo. S02—2G 21
Butt's Cres. S02—2F 21
Butt's Rd. S02—2E 21
Butt's Sq. S02—2G 21
Bye Rd. S03—1C 26
By-Pass Rd. S04—6C 10
Byram Clo. S05—3C 2
Byron Rd. S02—6G 15
Byron Rd. S05—4E 3
By-the-Wood. S04—1D 30

Cable St. S01—1H 19
Caerleon Av. S02—6F 15
Caerleon Dri. S02—6F 15
Caistor Clo. S01—6A 6
Calbourne. S03—1D 24
Calder Clo. S01—4H 11
Calderwood Dri. S02—2D 20
Calmore Cres. S04—4F 3
Calmore Dri. S04—2C to 1D 30
Calmore Gdns. S04—4D 30

Calmore Rd. S04—1C to 4D 30
Cambrian Clo. S03—5B 22
Cambridge Dri. S05—5A & 6A 2
Cambridge Grn. P014—1H 29
Cambridge Grn. S05—5A 2
Cambridge Rd. S02—4F 13
Cameron Ct. S01—5H 5
Camley Clo. S02—5C 20
Campbell Rd. S05—1E 9
Campbell St. S02—6H 13
Campion Rd. S02—1G 21
Canada Rd. S02—4C 20
Canal Wlk. S01—3F 19
Canberra Rd. S01—6D 4
Canberra Towers. S02—6C 20
Candover Ct. S02—6D 20
Candy La. S02—6H 15
Canford Clo. S01—2F 11
Cannon St. S01—4B 12
Canterbury Av. S02—2F 21
Canton St. S01—6F 13
Canute Rd. S01—4G & 4H 19
Capon Clo. S02—6B 8
Cadinal Way. S03—6G 27
Cardington St. S01—6H 5
Carey Rd. S02—1F 21
Carisbrooke. S03—1D 24
Carisbrooke Cres. S05—3B 2
Carisbrooke Dri. S02—6D 14
Carlisle Rd. S01—4B 12
Carlton Cl. S01—4F 13
Carlton Cres. S01—6F 13
Carlton Pl. S01—6F 13
Carlton Rd. S01—5F 13
Carlyn Dri. S05—1A 2
Carnation Rd. S02—5H 7
Carolyn Clo. S02—4B 20
Carthage Clo. S05—1C 2
Castle La. S01—3F 19
  (in two parts)
Castle Rd. S02—2C 14
Castle Rd. S03—2C 24
Castleshaw Clo. S01—5H 11
Castle Sq. S01—3F 19
Castle St. S02—5G 13
Castle Way. S01—2F 19
Cataren Clo. S01—4H 11
Catherine Clo. S03—2H 15
Catherine Gdns. S03—2H 15
Causeway Cres. S04—5C 10
Cavendish Gro. S01—4F 13
Caversham Clo. S02—4C 20
Caversham Clo. S03—4G 15
Cawte Rd. S01—6C 12
Caxton Av. S02—6E 15
Cecil Av. S01—3A 12
Cecil Rd. S02—3C 20
Cedar Av. S01—4C 12
Cedar Clo. S03—5D 16
Cedar Gdns. S02—4G 13
Cedar Rd. S02—4G 13
Cedar Rd. S05—1C 8
Cedarwood Clo. S04—3C 30
Cement Ter. S01—3F 19
Cemetery Rd. S01—4E 13
Central Bri. S01—3G 19
Central Rd. S01—4G 19
Central Sta. Bri. S01—1E 19
Centre Way. S03—5F 27
Cerdic M. S03—5H 25
Cerne Dri. S3E 15
Chadwell Av. S02—2E 21
Chadwick Rd. S05—6C 2
Chafen Rd. S02—4A 14
Chalfont Ct. S01—3A 12
Chalk Hill. S03—4F 15
Challis Ct. S01—3G 19
Chalmers Way. S03—6F 25
Chalvington Rd. S05—3A 2
Chamberlain Rd. S02—1G 13
Chamberlayne Rd. S03—3C 24
  (Netley Abbey)
Chamberlayne Rd. S03—6A 22
  (Old Netley)

Chamberlayne Rd. S05—6D 2
Chandler Rd. S01—3H 19
Chandler's Ford By-Pass. S05
             —6A 2
Chandlers Way. S03—2G 27
Chandos St. S01—3G 19
Channel Rd. S01—4H 19
Channels Farm Rd. S02—5B 8
Chantry Rd. S01—3H 19
Chantry, The. P014—6H 27
Chapel Clo. S03—2G 15
Chapel Cres. S02—2E 21
Chapel Drove. S03—6C 16
Chapel Rd. S01—2G 19
Chapel Rd. S03—2D 26
  (Sarisbury)
Chapel Rd. S03—2G 15
  (West End)
Chapel St. S01—2G 19
Charles Knott Gdns. S01—5E 13
Charles St. S01—3G 19
Charlotte Pl. S02—6C 13
Charlton Rd. S01—5D 12
Charmus Rd. S04—1C 30
Charmwen Cres. S03—2F 15
Charnwood Clo. S04—3A 10
Chartwell Clo. S05—2E 3
Chase, The. P014—6H 27
Chatsworth Rd. S02—1D 20
Chatsworth Rd. S05—2E 3
Chaucer Rd. S02—6G 15
Chawton Clo. S02—4G 15
Cheam Way. S04—3A 10
Cheddar Clo. S03—2B 20
Cheping Gdns. S03—6H 17
Chepstow Clo. S04—3D 30
Cherbourg Rd. S05—1C 8
Cheriton Av. S02—5F 15
Cheriton Rd. S05—1D 8
Cherry Wlk. S01—4C 12
Cherry Wlk. S03—2B 28
Cherwell Cres. S01—4G 11
Cherwell Gdns. S01—3B 2
Chessel Av. S02—5B 14
Chessel Cres. S02—5C 14
Chester Rd. S02—4H 11
Chestnut Av. S05—6A 2 to 1D 8
Chestnut Clo. S05—5A 2
Chestnut Rise. S05—1B 8
Chestnut Rd. S01—2A 12
Chestnut Wlk. S05—5G 17
Chestnut Way. P014—2G 29
Chettle Rd. S02—1H 21
Chetwynd Dri. S02—6F 7
Chetwynd Rd. S02—5F 7
Cheviot Cres. S01—4G 11
Cheviot Rd. S01—4G 11
Chichester Clo. S03—3D 16
  (Hedge End)
Chichester Clo. S03—5D 26
  (Sarisbury)
Chichester Rd. S02—5D 14
Chicken Hall La. S05—5F 3
Chilcomb Rd. S02—4F 15
Chilerton. S03—2D 24
Chilham Clo. S05—1D 2
Chilling La. S03—5D 28 to 3E 29
Chiltern Grn. S01—4G 11
Chilworth Clo. S01—1D 6
Chilworth Drove. S01—3C 6
Chilworth Ring. S01—3E 7
Chilworth Rd. S01—1E to 3F 7
Chine Av. S02—6C 14
Chisholm Clo. S01—5H 5
Church Clo. S05—3C 27
Church Clo. S05—4G 3
Church End. S01—4C 12
Church Hill. S03—2F 15
Churchill Ho. S02—4F 15
Church La. S01—5C 4
  (Nursling)
Church La. S01—3F 19
  (Southampton)
Church La. S02—2G 19

Church La. S03—1H 23
(Botley)
Church La. S03—6C 22
(Bursledon)
Church La. S03—1C 22
(Hedge End)
Church Path. S02—2G 13
(Portswood)
Church Path. S02—3D 20
(Sholing)
Church Rd. S02—5A 20
Church Rd. S03—5F 27
(Locks Heath)
Church Rd. S03—2C 28
(Warsash)
Church Rd. S05—4G 3
Church St. S01—4B 12
Church View Clo. S02—3D 20
City Industrial Pk. S01—2E 19
Civic Centre Rd. S01—1F 19
Clandon Dri. S05—2C 2
Clanfield Clo. S05—2A 2
Clanfield Dri. S05—1A 2
Clanfield Rd. S02—5F 15
Clanfield Way. S05—2A 2
Clare Clo. P014—1G 29
Claremont Clo. S01—1D 2
Claremont Cres. S01—5A 12
Claremont Rd. S01—5A 12
Clarence Ho. S01—6A 14
Clarendon Cres. P014—1G 29
Clarendon Rd. S01—4A 12
Claude Ashby Clo. S02—6B 8
Claudeen Clo. S02—5B 8
Claudius Clo. S05—1C 2
Claudius Gdns. S05—1C 2
Clausentum Clo. S05—1B 2
Clausentum Rd. S02—5G 13
Cleasby Clo. S01—5G 11
Cleethorpes Rd. S02—2E 21
Cleric Ct. P014—6H 27
Cleveland Rd. S02—2D 14
Cliffe Av. S03—6F 25
Clifford Dibben M. S02—4F 13
Clifford St. S01—1G 19
Cliff Rd. S01—1C 18
Clifton Gdns. S03—3F 15
Clifton Rd. S01—4A 12
Cloisters, The. S02—6F 7
Close, The. S02—5G 15
Close, The. S03—5H 25
(Hamble)
Close, The. S03—6C 16
(Hedge End)
Clovelly Rd. S02—6G 13
Clover Clo. S03—6D 26
Clover Nooke. S01—4E 11
Coachmans Copse. S02—2D 14
Coach Rd. S03—6F 25
Coal Pk. La. S03—6E 23
Coalville Rd. S02—2E 21
Coates Rd. S02—2G 21
Cobbett Rd. S02—5B 14
Cobbett Way. S03—5F 17
Cobden Av. S02—3B to 4C 14
Cobden Bri. S02—3A 14
Cobden Cres. S02—4C 14
Cobden Gdns. S02—3B 14
Cobden Heights. S02—3B 14
Cobden Rise. S02—3B 14
Coblands Av. S04—4D 30
Coburg Ho. S01—6A 14
Coburg St. S01—6H 13
Cockerell Clo. S03—3H 27
Colburn Clo. S01—2F 11
Colchester Av. S05—4H 3
Coldeast Clo. S03—3D 26
Coldeast Way. S03—3E 27
Coldharbour La. S05 & S01—2C 4
Colebrook Av. S01—3C 12
Coleman St. S01—2G 19
Coleson Rd. S02—4F 13
College Pl. S02—6F 13
College Rd. S02—4B 20

College St. S01—3G 19
Collier Clo. S02—4A 14
Collins Ho. S05—1B 2
Colne Av. S01—1F 11
Colonade, The. S02—3B 20
Colt Clo. S01—5H 5
Coltsfoot Dri. S03—6D 26
Colwell Clo. S01—4G 11
Commercial Rd. S01—1E & 1F 19
Commercial Rd. S04—5C 10
Commercial St. S02—5E 15
Common Fields. S03—6A 16
Compton Clo. S05—2C 2
Compton Ho. S04—2D 30
Compton Rd. S04—5C 10
Compton Wlk. S02—1G 19
Condor Rd. S02—4A 20
Conifer Rd. S01—6A 6
Coniston Gdns. S03—1C 22
Coniston Rd. S01—4E 11
Coniston Rd. S03—6C 2
Consort Clo. S05—2E 3
Consort Rd. S05—2E 3
Constable Clo. S02—4F 21
Constantine Av. S05—2C 2
Constantine Clo. S05—1C 2
Cooks La. S04—1B 30
Cook St. S01—2G 19
Cooper's Clo. S03—3F 15
Cooper's La. S02—3B 20
Copeland Rd. S01—3G 11
Copenhagen Towers.S02—6C 20
Copperfield Rd. S02—5G 7
Coppice Rd. S04—1D 30
Copse Clo. S04—6B 10
Copse La. S01—1E 7
Copse Rd. S02—2D 14
Copse, The. S03—3C 2
Copse View. S02—1H 21
Copsewood Rd. S02—2C 14
Corinthian Rd. S05—1C 2
Cornel Rd. S02—1C 20
Cornflower Clo. S03—6D 26
Cornforth Rd. S04—2D 30
Cornwall Clo. S02—2D 14
Cornwall Cres. S02—2C 14
Cornwall Rd. S02—2C 14
Cornwall Rd. S05—5A 2
Coronation Av. S02—2E 13
Cortina Way. S03—1D 22
Cossack Grn. S01—2G 19
Cotswold Rd. S04—4H 11
Cotton Clo. S05—5H 3
Coulsdon Rd. S03—5B 16
Countess Mountbatten Ho. S03
—2H 15
Coursepark Cres. P014—6H 27
Court Clo. S02—6E 15
Court Clo. S04—1D 30
Courtland Gdns. S02—5H 7
Court Rd. S01—5F 13
Coventry Rd. S01—6E 13
Cowdray Clo. S01—6B 6
Cowdray Clo. S05—5H 3
Cowes La. S03—5C 28
Cowper Rd. S02—6C 15
Coxdale. P014—2H 29
Coxford Drove. S01—1A 12
Coxford Rd. S01—2H 11 to 5C 6
Cox Row. S05—4A 2
Cox's Dri. S02—5E 21
Cox's La. S04—4A 20
Crabbe La. S02—5G 7
Crabbs Way. S04—4C 30
Crableck La. S03—3B 26
Crabwood Clo. S01—3H 15
Crabwood Dri. S03—3H 15
Crabwood Rd. S02—2G 11
Cracknorehard La. S04—5A 18
Cracknore Rd. S01—1D 18
Cranborne Rd. S01—3D 12
Cranbourne Pk. Est. S03—2D 22
Cranbury Av. S02—3G 19

Cranbury Ct. S05—6D 2
Cranbury Gdns. S03—5A 22
Cranbury Pl. S02—6G 13
Cranbury Rd. S02—3C 20
Cranbury Rd. S05—1D 8 & 6D 2
Cranford Way. S02—2G 13
Cranleigh Rd. S03—6D 16
Cranmore Rd. S03—1D 24
Cranwell Cres. S01—5H 5
Craven Rd. S05—2A 2
Craven St. S01—1G 19
Craven Wlk. S01—2G 19
Crawfords Clo. S01—5F 5
Creedy Gdns. S03—1E 15
Creighton Rd. S01—6H 11
Crescent Rd. S03—6E 27
Crescent The. S02—4D 20
Crescent, The. S02—2D 24
Crescent, The. S05—4E 3
Crest Way. S02—2G 21
Crigdon Clo. S01—4G 11
Crispin Clo. S03—5G 27
Crofton Way. S03—1B 28
Croft, The. S04—1D 30
Cromarty Rd. S01—5G 5
Cromer Rd. S01—3F 11
Crompton Rd. S03—3H 27
Cromwell Rd. S01—5E 13
Crookham Rd. S02—6D 20
Crosshouse Rd. S01—3H 19
Crossley Ct. S01—6C 12
Cross Rd. S02—5B 14
Crosswell Clo. S02—1F 21
Crown St. S01—4B 12
Crowsnest La. S03—3G 17
Crowsport Est. S03—6H 25
Crowther Clo. S02—2F 21
Croydon Clo. S01—6A 6
Crusader Rd. S03—1E 23
Cuckmere La. S01—4F 11
Cuckoo La. S01—3F 19
Culford Av. S04—6B 10
Culford Way. S04—6B 10
Culver. S03—1D 24
Culver Clo. S01—2F 11
Culverey Gdns. S03—3E 15
Cumberland Av. S05—2B 2
Cumberland Clo. S03—5B 22
Cumberland Clo. S05—2B 2
Cumberland Pl. S01—1F 19
Cumberland St. S01—2G 19
Cumber Rd. S03—5D 26
Cumbrian Way. S01—4G 11
Cummins Grn. S03—5B 22
Cunard Av. S01—4C 12
Cunard Rd .S01—4G 19
Cunningham Cres. S02—2E 21
Cunningham Dri. S03—4F 27
Curlew Clo. S01—5B 6
Curlew Sq. S05—6B 2
Cutbush La. S02—2D 14 to 4E 15
Cypress Av. S02—1D 20
Cypress Gdns. S03—5H 17
Cyprus Rd. P014—1H 29

Daffodil Rd. S02—6A 8
Dahlia Rd. S02—6G 7
Daintree Clo. S02—3G 21
Dairy La. S01—5D 4
Daisy La. S03—5G 27
Daisy Rd. S02—5H 7
Dale Rd. S01—2B 12
Dale Valley Clo. S01—2C 12
Dale Valley Gdns. S01—2C 12
Dale Valley Rd. S01—2C 12
Damen Clo. S03—1B 22
Danebury Way. S01—1F 11
Daniels Wlk. S04—2C 30
Darlington Gdns. S01—3C 12
Dart Ho. S02—4C 14
Dartington Rd. S05—3G 3
Dart Rd. S03—1E 15
Darwin Rd. S01—5D 12
Darwin Rd. S05—3E 3

Dawlish Av. S01—4D 12
Dawnay Clo. S02—5B 8
Dawson Rd. S02—4F 21
Dayrell Clo. S03—2C 30
Deacon Clo. S02—1D 20
Deacon Cres. S02—6D 14
Deacon Rd. S02—1D 20
Deacon Rd. S02—6D 14
Dean Ct. S02—4B 14
Dean Ct. S03—5C 16
Deanfield Clo. S03—6G 25
Dean Rd. S02—5D 14
Deeping Clo. S02—5D 20
Defender Rd .S02—3A 20
Delius Av. S02—3G 21
Dell Rd. S02—2C 14
Delft Gdns. S03—5E 27
Dempsey Clo. S02—2E 21
Denbigh Clo. S05—3C 2
Denbigh Gdns. S02—6F 7
Dene Clo. S01—3E 7
Denham Gdns. S03—3D 24
Denmead Rd. S02—4F 15
Denzil Av. S02—6G 13
Denzil Av. S03—3D 24
Derby Rd. S02—1G 19
Derby Rd. S05—6C 2
Derwent Rd. S01—3G 11
Desborough Ct. S05—6D 2
Desborough Rd. S05—1D 8 & 6D 2
Devine Gdns. S05—6H 3
Devon Clo. S05—5A 2
Devon Dri. S05—5A 2
Devonshire Rd. S01—6E 13
Dew La. S05—5C 2
Dewsbury Ct. S02—2D 14
Dibles Rd. S03—2C 28
Didcot Rd. S01—3B 12
Dimond Clo. S02—3C 14
Dimond Hill. S02—3C 14
Dimond Rd. S02—2B 14
Dodwell La. S03—5C 22
Dolton Rd. S01—1H 11
Doncaster Drove. S05—2C 8
Doncaster Rd. S05—2D 8
Donnington Gro. S02—2H 13
Doric Clo. S05—1C 2
Dormy Clo. S03—5C 26
Dorset Rd. S05—4A 2
Dorset St. S02—6G 13
Douglas Cres. S02—6G 15
Dove Gdns. S03—3G 27
Dove Dale. S05—6A 2
Dover St. S02—5G 13
Downland Clo. S03—5G 17
Downland Pl. S03—2C 22
Downside Av. S02—6D 14
Downs Pk. Av. S04—6C 10
Downs Pk. Cres. S04—6C 10
Downs Pk. Rd. S04—6C 10
Downton Rd. S02—2C 14
Doyle Ct. S02—6D 20
Dragoon Clo. S02—2F 21
Drake Clo. S03—4G 27
Drake Rd. S05—4H 3
Drakes Clo. S04—4A 18
Drayton Clo. S02—6D 20
Drayton Pl. S04—6A 10
Drinkwater Clo. S05—5D 2
Drive, The. S03—2F 15
Drive, The. S04—6B 10
Drove Rd. S02—2F 21
Drove, The. S02—5E 15
Drove, The. S03—1A 16
Drove, The. S04—2C 30
Drummond Rd. S02—3B 20
Dryden Rd. S02—1H 21
Duddan Clo. S03—2E 15
Duke Rd. S03—1E 23
Dukes Rd. S02—5G 13
Duke St. S01—3G 19
Dumbleton's Towers. S02—2H 21
Dunbar Clo. S01—5H 5
Duncan Ct. S02—2F 21

Duncan Rd. S03—2G 27
Dundee Rd. S02—3A 14
Dundry Way. S03—5D 16
Dunkirk Clo. S01—6C 6
Dunkirk Rd. S01—6C 6
Dunster Clo. S01—5C 6
Dunvegan Dri. S01—5C 6
Durlston Rd. S01—3F 11
Durnford Rd. S02—6H 13
Dutton La. S05—4F 3
Dyer Rd. S01—5C 12
Dymott Clo. S01—1D 18
Dyneley Grn. S02—3D 14
Dyram Clo. S05—3C 2
Dyserth Clo. S02—5E 21

Earl's Rd. S02—4G 13
E. Bargate. S01—2F 19
Eastbourne Av. S01—4D 12
Eastbrook Clo. S03—3F 27
Eastchurch Clo. S01—6H 5
East Dri. S05—4G 3
Eastern Rd. S03—3G 15
Eastfield Rd. S02—4A 14
Eastgate St. S01—3F 19
E. Park Ter. S02—1F 19
East Rd. S01—4H 19
East St. S03—3F 19
Eddystone Rd. S04—1D 30
Edelvale Rd. S02—3E 15
Edge Hill Rd. S02—3D 14
Edmunds Clo. S03—1E 23
Edney Path. S03—3C 26
Edward Av. S05—3G 3
Edward Rd. S01—5B 12
Edward St. S01—7G 13
Edwina Clo. S02—6D 14
Effingham Gdns. S02—2F 21
Elgar Rd. S02—3G 21
Elgar Rd. S02—3F 21
Elgin Rd. S01—1C 18
Eling Hill. S04—6D 10
Eling La. S04—5C & 6D 10
Elizabeth Clo. S03—3G 15
Elizabeth Ct. S02—3A 14
Elizabeth Way. S05—3E 3
Elliott Clo. S04—5D 30
Ellis Rd. S02—1H 21
Ellwood Clo. S02—1H 21
Ellwood Clo. S02—1H 21
Elm Clo. S01—6F 7
Elmdale Clo. S03—2C 28
Elmes Dri. S01—5H 11
Elmfield. S01—1D 18
Elm Gro. S05—6C 2
Elmsleigh Gdns. S02—6F 7
Elmslie Gdns. S03—5A 22
Elm St. S01—3H 19
Elm Ter. S01—3B 19
Elmwood Ct. S05—1B 2
Elstree Rd. S02—2C 21
Embley Clo. S04—1D 30
Embsay Rd. S03—6E 23
Emerald Clo. S02—6F 15
Emmanuel Clo. P014—1H 29
Emmett Rd. S01—5H 5
Empress Rd. S01—5G 19
Empress Rd. S02—5G 13
Emsworth Rd. S01—4B 12
Endeavour Clo. S01—5B 12
Endle St. S01—4H 19
Enfield Gro. S02—4B 20
Englefield Rd. S02—5A 14
English Rd. S01—5B 12
Ennerdale Rd. S01—2G 11
Epping Clo. S02—2E 15
Erica Clo. S03—5E 27
Erskine Ct. S01—5H 5
Escombe Rd. S05—5G 3
Essex Grn. S05—5A 2
Estridge Clo. S03—5B 22
Ethelburt Av. S02—3D 14
Ethelred Gdns. S04—5D 30
Evans St. S01—2G 19

33

Evelyn Cres. S01—4D 12	Frampton Way. S04—6B 10	Gloucester Sq. S01—4F 19	Grove, The. S03—2E 25	Hawthorn La. S03—3D 26
Evenlode Rd. S01—3G 11	Franklyn Av. S02—2D 20	Goldcrest Gdns. S01—5A 6	(Butlocks Heath)	Hawthorn Rd. S02—2F 13
Everton St. S01—2F 19	Fraser Clo. S01—4H 5	Golden Ct. S03—1A 16	Grove, The. S03—5B 22	Hayburn Rd. S01—2F 11
Evesham Clo. S02—5G 7	Frederick St. S02—5G 13	Golden Gro. S01—1G 19	(Lowford)	Haydock Clo. S04—3D 30
Ewell Way. S04—3A 10	Freegrounds Av. S03—6D 16	Goldsmith Clo. S04—5D 30	Guernsey Clo. S01—1G 11	Hazelbury Rd. S04—5B 10
Exbury Clo. S05—5H 3	Freegrounds Clo. S03—6D 16	Goldsmith Rd. S05—6D 2	Guest Rd. S05—5G 3	Hazeldown Rd. S01—5G 5
Exeter Clo. S02—3D 14	Freegrounds Rd. S03—6D 16	Golf Course Rd. S01—4E 7	Guildford St. S01—1H 19	Hazeleigh Av. S02—4B 20
Exeter Clo. S03—6E 27	Freemantle Clo. S02—1C 20	Goodalls La. S03—5B 16	Guildhall Sq. S01—1F 19	Hazel Farm Rd. S04—4D 30
Exeter Clo. S05—3C 2	Freemantle Comn. Rd. S02—1C 20	Goodwin Clo. S01—2F 11	Gurney Rd. S01—4C 12	Hazel Rd. S02—3A 20
Exeter Rd. S02—4D 14	French St. S01—4F 19	Goodwood Gdns. S04—3D 30		Hazlewood Rd. S02—3D 14
Exford Av. S02—5F 15	Frensham Clo. S03—6D 16	Goodwood Rd. S05—3C 2	Haddon Dri. S05—2E 3	Heathcote Rd. S02—2A 2
Exford Dri. S02—5F 15	Frensham Ct. S03—6D 16	Gordon Av. S02—4G 13	Hadleigh Gdns. S05—3D 2	Heather Clo. S04—5A 10
Exleigh Clo. S02—6F 15	Freshfield Rd. S01—5B 12	Gordon Ter S02—4D 20	Hadrians Clo. S05—1B 2	Heather Ct. S02—6G 7
Exmoor Rd. S02—6G 13	Freshfield Sq. S01—5B 12	Gorselands Rd. S02—3E 15	Hadrian Way. S01—3E 7	Heatherdane Rd. S02—2G 13
Eynham Av. S02—6F 15	Friars Croft. S03—2D 24	Gort Cres. S02—2E 21	Hales Dri. S03—1B 22	Heatherlands Rd. S01—2E 7
Eynham Clo. S02—6F 15	Friars Croft. S04—1C 30	Gover Rd. S01—4E 11	Hallett Clo. S02—2D 14	Heathfield Clo. S02—3F 21
	Friars Rd. S05—1C 8	Grace Dieu Gdns. S03—5A 22	Halstead Rd. S02—2C 14	Heathfield Rd. S02—3F 21
Factory Rd. S05—5D 2	Friars Way. S02—6B 8	Gradidge Way. S04—4D 30	Haltons Clo. S02—2C 14	Heath Gdns. S03—1E 25
Fairfax Ct. S02—6H 15	Fritham Clo. S04—4D 30	Grafton Gdns. S01—5C 6	Hamble Clo. S03—1B 28	Heath Ho. Clo. S03—2C 22
Fair Grn. S02—1F 21	Fritham Rd. S02—6H 13	Graham Ho. S01—6A 14	Hamble Ct. S03—5A 22	Heath Ho. Gdns. S03—2C 22
Fairisle Rd. S01—6G 5	Frobisher Gdns. S02—2F 21	Graham Rd. S02—6G 13	Hamble Ho. Gdns. S03—6H 25	Heath Ho. La. S03—2C 22
Fairlawn Clo. S01—4H 5	Frogmore La. S01—1F 11	Graham St. S01—1H 19	Hamble La. S03—6G 25 to 4A 22	Heathlands Rd. S05—1A 2
Fair Oak Rd. S05—5G 3	Frome Rd. S03—1E 15	Grainger Gdns. S02—3F 21	Hamble Wood. S03—6H 17	Heath Rd. S02—1D 20
Fairway Gdns. S01—5G 5	Fry Clo. S03—4H 25	Granada Rd. S03—1B 22	Hameldon Clo. S01—5H 11	Heath Rd. S03—6E 27
Falaise Clo. S01—6C 6	Fryern Arc. S05—1B 2	Granby Gro. S02—1H 13	Hamilton Rd. S05—5G 3	Heath Rd. N. S03—5E 27
Falcon Sq. S01—1B 8	Fryern Clo. S05—1B 2	Grange Clo. S02—6B 8	Hammonds Clo. S04—4A 10	Heath Rd. S. S03—5E 27
Falcon Way. S03—3G 17	Fuchsia Gdns. S01—2C 12	Grange Rd. S01—3A 12	Hammond's Grn. S04—4A 10	Hedera Rd. S02—3E 27
Falkland Rd. S01—4A 12	Fullerton Clo. S02—6D 20	Grange Rd. S03—4D 16	Hammonds La. S04—4A 10	Hedgerow Dri. S02—3E 15
Falkland Rd. S05—6A 2	Fulmar Clo. S05—5B 6	(Hedge End)	Hammonds Way. S04—4A 10	Helford Gdns. S03—2E 15
Fanshawe St. S02—6G 13	Furze Clo. S02—1D 20	Grange Rd. S03—2C 24 to 5H 21	Hampton Towers. S02—6C 20	Helvellyn Rd. S01—4H 11
Faringdon Rd. S02—5G 15	Furzedown Rd. S02—2F 13	(Netley Abbey)	Hamtun Cres. S04—3B 10	Hemdean Gdns. S03—3G 15
Farley Ct. S01—2D 12	Furze Rd. S02—1D 20	Grantham Av. S03—6F 25	Hamtun Gdns. S04—3A 10	Hemming Clo. S04—6B 10
Farmery Clo. S02—6B 8	Fyeford Clo. S01—4H 5	Grantham Rd. S02—6C 14	Hamtun Rd. S02—4F 21	Henry Rd. S01—5B 12
Farringford Rd. S02—6G 15		Grantham Rd. S05	Hamtun St. S01—3F 19	Henry Rd. S05—3G 3
Fastnet Clo. S01—5G 5	Gage Clo. S04—4A 18	—6C 2 & 6E 3	Handel Rd. S01—1E 19	Henry St. S01—6F 13
Fawley Rd. S04—2D 30	Gainsborough Clo. S02—4F 21	Granville St. S01—2H 19	Handel Ter. S01—1E 19	Henstead Rd. S01—6F 13
Ferndale. S03—1E 23	Gainsford Rd. S02—1B 20	Grasdean Clo. S02—3D 14	Handford Pl. S01—6F 13	Henty Rd. S01—4A 12
Ferndene Way. S02—4D 14	Gallops, The. P014—1H 29	Grasmere. S05—6D 2	Hanley Rd. S01—4D 12	Herald Rd. S03—3C 16
Fernlea Gdns. S01—1E 13	Galsworthy Rd. S04—4D 30	Grasmere Clo. S03—3E 15	Hannay Rise. S03—1G 21	Herbert Walker Av. S01
Fern Rd. S02—4C 20	Gamble Clo. S02—2D 20	Grassmead. P014—4H 27	Hanover Bldgs. S01—2F 19	—1A 18 to 3F 19
Fernside Clo. S01—4H 11	Gannet Clo. S01—5A 6	Grateley Clo. S02—6D 20	Harborough Rd. S01—6E 13	Heron Sq. S05—6B 2
Fernwood Cres. S02—4C 14	Gardiner Clo. S04—4A 18	Graving Rd. S01—5H 19	Harbourne Gdns. S03—2E 15	Herons Wood. S04—1D 30
Fernyhurst Av. S01—4H 5	Garfield Rd. S02—5B 14	Gray Clo. S03—1E 29	Harcourt Rd. S02—4B 14	Herrick Clo. S02—2G 21
Ferry Bri. Grn. S03—6D 16	Garfield Rd. S03—2C 24	Greenaway La. S03—6C 26	Harcroft Rd. S01—4G 19	Hertsfield. P014—5H 27
Field Clo. S02—5A 8	Garnock Rd. S02—4F 21	Greenbank Cres. S01—4E 7	Hardwicke Clo. S01—2H 11	Hewetts Rise. S03—3B 28
Filton Clo. S04—2C 30	Garrick Gdns. S02—4E 21	Greendale Clo. S05—2C 2	Hardwicke Way. S03—6F 25	Hewitt's Rd. S01—1D 18
Finches, The. S01—4A 12	Garton Rd. S02—3B 20	Greenfields Av. S04—3B 10	Hardwicke Rd. S05—2A 2	Heye's Dri. S02—3F 21
Finlay Clo. S02—3F 21	Gashouse Hill. S03—3D 24	Greenfields Clo. S04—3B 10	Hardy Clo. S03—4G 27	(in two parts)
Fircroft Dri. S05—3B 2	Gatcombe. S03—1E 25	Greenfinch Clo. S05—1B 8	Hardy Rd. S05—1D 8	Heysham Rd. S01—5B 12
Firecrest Rd. S01—4B 6	Gatcombe Gdns. S02—2E 15	Green La. S01—1F 7	Harefield Rd. S02—6H 7	Heywood Grn. S02—1H 21
Firgrove Rd. S01—5C 12	Gaters Hill. S02—6D 8	(Chilworth)	Harewood Clo. S05—2D 2	Highclere Rd. S01—1D 12
First Av. S01—5F 11	Gatwick Clo. S01—6A 6	Green La. S01—2G 11	Harland Cres. S01—3D 12	Highcliff Av. S02—4G 13
Firtree Way. S02—1E 21	Gemini Clo. S01—6H 5	(Millbrook)	Harlaxton Clo. S05—2C 2	Highcliffe Dri. S05—1D 2
Fisher's Rd. S04—6C 10	Gento Clo. S03—6E 17	Green La. S03—5H 23	Harlyn Rd. S01—3H 11	Highcrown St. S02—2G 13
Fitzhugh Pl. S01—5F 13	George St. S01—4E 3	(Burridge)	Harold Rd. S01—5C 12	Highfield Av. S02—1F 13
Fitzhugh St. S01—1F 19	Gerard Cres. S02—6G 15	Green La. S03—2E 29	Harrier Clo. S01—4B 6	Highfield Clo. S02—2G 13
Fitzroy Clo. S01—3F 7	Gibbs Rd. S01—1F 19	(Fleetend)	Harris Av. S03—4D 16	Highfield Clo. S05—2B 2
Flamborough Clo. S01—1F 11	Gilbury Clo. S02—6C 8	Green La. S03—6H 25	Harrison Rd. S02—1H 13	Highfield Cres. S02—2H 13
Flanders Rd. S03—4C 16	Gillcrest. P014—4H 27	(Hamble)	Harrison's Cut. S01—3B 12	Highfield La. S02—2G 13
Fleet End Bottom. S03—2E 29	Gilpin Clo. S02—1H 21	Green La. S03—6D 22	(Shirley)	Highfield Rd. S02—2F 13
Fleet End Rd. S03—2E 29	Gipsy Gro. S01—5C 12	(Lower Swanwick)	Harrison's Cut. S01—2G 19	Highfield Rd. S05—2B 2
Fleming Rd. S02—6A 8	Girton Clo. P014—1H 29	Green La. S03—5H 21	(Southampton Centre)	High Firs Rd. S02—1F 21
Fletchwood Rd. S04—5C 30	Gladstone Rd. S02—2E 21	(Old Netley)	Hart Ct. S02—3C 20	Highlands Ho. S02—3A 20
Floating Bri. Rd. S01—3H 19	Glasslaw Rd. S02—4E 15	Greenlea Cres. S02—5B 8	Hartington Rd. S02—1H 19	Highmeadow. S02—6F 15
Florence Rd. S02—4B 20	Glebe Ct. S02—2G 13	Green Pk. Rd. S01—5G 11	Hartley Av. S02—2G 13	Highnam Gdns. S03—5E 27
Flowers Clo. S03—4G 17	Glebe Ct. S03—4G 17	Green, The. S03—2D 26	Harvey Cres. S03—1E 29	High Oaks Clo. S03—5F 27
Font Clo. P014—6H 27	Glebe Rd. S01—3H 19	Greenways. S02—5A 8	Harvey Rd. S05—5H 3	High Rd. S02—6A 8
Fontwell Clo. S04—2D 30	Glencarron Way. S01—1E 13	Greenways. S05—1B 2	Harwood Clo. S04—4A 10	High St. S01—3F 19
(in two parts)	Glenda Clo. S03—3C 28	Greenwood Clo. S05—6C 2	Hathaway Clo. S05—4E 3	High St. S03—5G 17
Foord Clo. S03—2C 22	Glen Eyre Clo. S02—6G 7	Gregory Clo. S04—2D 30	Hatherley Mans. S01—5C 12	(Botley)
Foord Rd. S03—1B 22	Glen Eyre Dri. S02—5F 7	Grendon Clo. S02—5G 7	Hatley Rd. S02—4E 15	High St. S03—1A 26
Forbes Clo. S01—4H 5	Glen Eyre Rd. S02—5F 7	Grenville Ct. S01—5E 13	Havelock Rd. S01—1F 19	(Bursledon)
Ford Av. S05—4A 2	Glen Eyre Way. S02—6G 7	Greville Rd. S01—5D 12	Havelock Rd. S03—2B 28	High St. S03—6H 25
Forest Hills Dri. S02—1B 14	Glenfield Av. S02—5C 14	Greywell Av. S01—6B 6	Havendale. S03—1E 23	(Hamble)
Forest View. S01—3F 19	Glenfield Cres. S02—5C 14	Griffin Ct. S02—4A 14	(in two parts)	High St. S03—2F 15
Forge Clo. S03—5B 22	Glenfield Way. S02—5C 14	Griffon Clo. S03—5B 22	Havenstone Way. S02—6B 8	(West End)
Forster Rd. S02—5G 13	Glenlea Clo. S03—3G 15	Grosvenor Clo. S02—2H 13	Haven, The. S05—2E 3	High St. S04—5C 10
Fort Rd. S02—3B 20	Glenlea Dri. S03—3G 15	Grosvenor Gdns. S02—2H 13	Havre Tower. S02—6C 20	High St. S05—1E 9
Foundry Cres. S03—6A 22	Glen Rd. S03—2H 15	Grosvenor Rd. S02—4G 15	Hawfinch Clo. S01—4B 6	Hightown Towers. S02—2H 21
Foundry La. S01—5B 12	Glen Rd. S05—5A 20	Grosvenor Rd. S02—2H 13	Hawkeswood Rd. S02—5A 14	High View Way. S02—4C 14
Four Acres. S03—6H 17	Glen Rd. S03—1D 26	Grosvenor Sq. S01—6F 13	Hawkhurst Clo. S02—5E 21	Hill Coppice Rd. P015—3H 27
Foxcott Clo. S02—6D 20	Glenside. S02—2G 21	Grove Rd. S01—5C 12	Hawkley Grn. S02—6C 20	Hillcrest Av. S05—2B 2
Foxes La. S01—1E 11	Glenwood Av S02—5F 7	Grove, The. S02—2H 19	Hawthorn Clo. S03—6E 17	Hillcrest Dri. S05—2B 2
Foxhills. S04—6D 10		Grove, The. S02—5E 19	Hawthorne Rd. S04—4A 10	Hilldene Way. S03—3G & 3H 15
(in two parts)				

34

Hilldown Rd. SO2—2G 13	Hythe Rd. SO4—6A 18	Kestrel Rd. SO5—6B 2	Launceston Dri. SO5—3C 2	Lodge Rd. SO3—3G 27
Hillgrove Rd. SO2—1D 14		Keswick Rd. SO2—4A 20	Laundry Rd. SO1—2A 12	Logan Clo. SO1—5H 5
Hill La. SO1—1D 12 to 6E 13	Ilex Cres. SO3—5E 27	Kevlyn Cres. SO3—5A 22	Laurel Clo. SO2—3A 20	London Rd. SO1—6F 13
Hill Pl. SO3—6C 22	Imber Way. SO2—2F 21	Kew La. SO3—1H 25	Laurel Clo. SO3—4G 27	Longacres. PO14—5H 27
Hillside Av. SO2—3B 14	Imperial Av. SO1—5B 12	Keynsham Rd. SO2—6E 15	Laurel Gdns. SO3—5G 27	Longbridge Clo. SO4—1D 30
Hillside Clo. SO5—1B 2	Imperial Rd. SO2—5G 15	Khartoum Rd. SO2—2F 13	Laurel Rd. SO3—5G 27	Longbridge Rd. SO3—6D 16
Hilltop Dri. SO2—2G 21	Ingersley Rise. SO3—3H 15	Killarney Clo. SO2—3H 21	Laverstoke Clo. SO1—4G 5	Longclose Rd. SO3—5E 17
Hillway, The. SO5—1A 2	Ingle Grn. SO4—2C 30	Kilnyard Clo. SO4—2D 30	Lawn Rd. SO2—4G 13	Long Dri. SO3—2H 15
Hillyfields. SO1—1F 11	Ingleside. SO3—1D 24	Kimbridge Clo. SO1—5G 5	Lawn Rd. SO5—3E 3	Long La. SO3—6B 22
Hilton Rd. SO3—5D 16	Ingleton Rd. SO1—3F 11	Kineton Rd. SO1—3D 12	Lawnside Rd. SO1—4A 12	Longleat Gdns. SO1—6B 6
Hinkler Rd. SO2—1F 21 to 6H 15	Ingram Ct. SO2—4A 14	King Edward Av. SO1—4A 12	Lawrence Ct. SO2—4C 20	Longmead Av. SO5—3G 3
Hinton Cres. SO2—1H 21	Inkerman Rd. SO2—4B 20	Kingfisher Clo. SO3—4H 25	Lawrence Gro. SO2—4C 20	Longmead Rd. SO2—2D 14
Hobb La. SO3—6D 16	Inner Av. SO2—5F 13	Kingfisher Rd. SO5—6B 2	Lawson Clo. SO3—6E 23	Longmore Av. SO2—4B 20
Hogarth Clo. SO2—4F 21	International Way. SO2—6C 20	King George's Av. SO1—6H 11	Laxton Clo. SO2—4E 21	Longmore Cres. SO2—4B 20
Hogwood La. SO3—4H 9	Ionic Clo. SO5—1C 2	Kings Av. SO3—5F 25	Lebanon Rd. SO1—5F 11	Longstock Clo. SO2—6D 20
Holcroft Rd. SO2—1H 21	Iris Rd. SO2—6G 7	Kingsbridge La. SO1—1E 19	Leander Clo. SO5—3D 2	Longstock Rd. SO3—5A 10
Holkham Clo. SO1—1G 11	Irving Rd. SO1—3H 11	Kingsbury Rd. SO2—5G 13	Leaside Way. SO2—5H 7	Loperwood La. SO4—1B 30
Holland Pk. SO3—5D 26	Isis Clo. SO1—6B 12	Kingsclere Av. SO2—6C 20	Leckford Clo. SO2—4G 15	Lord Mountbatten Clo. SO2—6B 8
Holland Pl. SO1—3A 12	Itchen Bri. SO1 & SO2—3H 19	Kingsclere Clo. SO2—5C 20	Lee Church La. SO5—1B 4	Lords Hill Centre E. SO1—6H 5
Holland Rd. SO2—4H 19	Itchen Rd. SO1—6B 12	Kings Clo. SO5—1A 2	Lee Drove. SO5—1C 4	Lords Hill Centre W. SO1—6H 5
Hollingbourne Clo. SO2—4B 14	Itchenside Clo. SO2—6C 8	Kings Copse Av. SO3—2E 23	Lee La. SO5 & SO1—1C to 4C 4	Lords Hill Way. SO1—6H 5 to 6C 6
Hollybrook Av. SO1—1C 12	Itchen View. SO2—6C 8	Kings Copse Rd. SO3—2D 22	Leicester Rd. SO1—2D 12	Lordswood. SO5—1H 3
Hollybrook Rd. SO1—2C 12	Ivanhoe Rd. SO1—3D 12	Kingsdown Way. SO2—2D 14	Leigh Rd. SO2—3F 13	Lordswood Clo. SO1—6D 6
Holly Clo. SO3—5C 26	Ivy La. SO3—2E 15	Kings Field Gdns. SO3—5B 22	Leigh Rd. SO5—4A 2 to 5E 3	Lordswood Ct. SO1—6C 6
Holly Dell. SO1—5E 7	Ivy Rd. SO2—4A 14	Kingsfield Rd. SO1—2F 19	Leighton Av. SO1—4B 12	Lordswood Gdns. SO1—6D 6
Holly Hill. SO1—5E 7	Ivy Ter. SO3—6C 16	Kings Fields. SO3—5B 22	Leighton Rd. SO2—2C 20	Lordswood Rd. SO1—6C 6
Holly Hill Clo. SO1—5E 7		Kingsfold Av. SO2—1C 14	Lemon Rd. SO1—5B 12	Loughwood Clo. SO5—2E 3
Holly Hill La. SO3—3C 26	Jackdaw Rise. SO5—6A 2	Kingsland Sq. SO1—2G 19	Lennox Clo. SO1—5H 5	Lwr. Alfred St. SO2—6B 13
Holly Hill Mans. SO3—4D 26	Jameson Rd. SO2—3G 21	Kingsley Gdns. SO4—4C 30	Lennox Clo. SO5—1B 2	Lwr. Banister St. SO1—6F 13
Holly Oak Ct. SO1—6A 6	James St. SO1—2G 19	Kingsley Rd. SO2—5B 12	Lewes Clo. SO5—1D 2	Lwr. Brownhill Rd. SO1
Holly Oak Rd. SO1—6A 6	Janaway Gdns. SO2—4A 14	King's Pk. Rd. SO1—6F 13	Lewins Wlk. SO3—6A 22	—2E to 1G 11
Holmesland Dri. SO3—5G 17	Janson Rd. SO1—5C 12	King's Rd. SO5—1A 2	Lewis Silkin Way. SO1—6A 6	Lwr. Canal Wlk. SO1—4F 19
Holmesland La. SO3—5G 17	Jarvis Fields. SO3—6C 22	Kingston. SO3—2D 24	Lewry Clo. SO3—5D 16	Lwr. Church Rd. PO14—5H 27
Holmgrove. PO14—6H 27	Java Rd. SO1—5H 19	Kingston Rd. SO1—6D 12	Lexby Rd. SO4—6D 10	Lwr. Duncan Rd. SO3—3G 27
Holmsley Clo. SO2—5F 15	Jeffries Clo. SO1—5G 5	King St. SO1—3G 19	Leybourne Av. SO2—4D 14	Lwr. Mortimer Rd. SO2—3B 20
Holt Rd. SO1—6E 13	Jennings Rd. SO4—4C 10	Kingsway. SO1—2G 19	Leyton Rd. SO2—6H 13	Lwr. New Rd. SO3—2G 15
Holyrood Av. SO2—2H 13	Jerome Ct. SO2—4F 21	Kingsway. SO5—1A to 1B 2	Library Rd. SO4—5C 10	Lwr. Northam Rd. SO3—6D 16
Holyrood Pl. SO1—3F 19	Jerrett's La. SO1—1F 11	Kinross Rd. SO4—6B 10	Lichfield Rd. PO14—5H 27	Lwr. St. Helens Rd. SO3—1D 22
Home Rule Rd. SO3—5F 27	Jersey Rd. SO1—1G 11	Kinsbourne Clo. SO2—6A 16	Lilac Rd. SO2—6G 7	Lwr. Spinney. SO3—3B 28
Honeysuckle Rd. SO2—6G 7	Jesmond Gro. SO3—1F 29	Kinsbourne Way. SO2—1H 21	Lime Av. SO2—1E 21	Lwr. Swanwick Rd. SO3—1C 26
Honeywood Clo. SO4—3A 10	Jessamine Rd. SO1—1F 13	Kipling Ct. SO2—3H 21	Lime Clo. SO2—1E 21	Lwr. Vicarage Rd. SO2—3A 20
Honister Clo. SO1—4G 11	Jessie Ter. SO1—3G 19	Kipling Rd. SO5—4C 2	Lime St. SO1—3G 19	Lwr. William St. SO1—6A 14
Hood Clo. SO3—4F 27	Jockey La. SO5—3H 3	Kitchener Rd. SO1—1H 13	Lime Wlk. SO3—5G 17	Lwr. York St. SO1—6A 14
Hood Rd. SO2—4E 15	Johnson St. SO1—2G 19	Kites Croft Clo. PO14—1H 29	Linacre Rd. SO2—2G 21	Lowford Hill. SO3—5A 22
Hook La. SO3 & PO14—3E 29	(in two parts)	Knellers La. SO4—6D 30	Lince Gro. SO3—6A 22	Lowry Gdns. SO2—4F 21
Hook Pk. Rd. SO3—4B to 3D 28	John's Rd. SO2—4A 20	Knighton Rd. SO2—2C & 3C 20	Lincoln Clo. PO14—5H 27	Lucas Clo. SO1—5H 5
Hope Rd. SO3—2H 15	John St. SO1—3G 19	Knowle Hill. SO5—1E 3	Lincoln Ct. SO1—2D 12	Luccombe Pl. SO1—2D 12
Hornbeam Clo. SO3—6E 17	Josian Wlk. SO1—1G 19	Kootenay Av. SO2—5H 15	Linden Gdns. SO3—1D 22	Luccombe Rd. SO1—2D 12
Hornby Clo. SO3—3C 28	Jubilee Clo. SO5—6D 2		Linden Rd. SO1—6A 6	Ludlow Rd. SO2—3B 20
Hornchurch Rd. SO1—5H 5	Jubilee Gdns. SO2—5E 15	Laburnum Ct. SO2—3B 20	Lindsay Rd. SO2—6H 15	Lulworth Grn. SO1—2G 11
Horns Drove. SO1—4G 5	Julian Clo. SO1—3E 7	Laburnum Gro. SO5—4D 2	Lind Way. SO3—3F 27	Lumsden Av. SO1—5C 12
Horns Hill. SO1—4F 5	Julian Rd. SO2—3E 21	Laburnum Rd. SO2—6H 7	Linford Cres. SO1—1C 12	Lumsden Mans. SO1—5C 12
Horsebridge Way. SO1—4G 5	Julius Clo. SO5—2C 2	Laburnum Rd. SO3—6E 17	Ling Dale. SO1—3E 7	Lundy Clo. SO1—5C 5
Horseshoe Clo. PO14—1H 29	Jumar Clo. SO3—3C 28	Lackford Av. SO4—6B 10	Lingfield Gdns. SO2—1C 14	Lupin Rd. SO2—5H 7
Horton Way. SO5—6H 3	Junction Rd. SO4—5C 10	Lacon Clo. SO2—4B 14	Lingwood Clo. SO1—3F 7	Luton Rd. SO2—2E 21
Hound Clo. SO3—3E 25	Juniper Rd. SO2—5C 14	Ladywood. SO5—2D 2	Lingwood Wlk. SO1—3F 7	Lyburn Clo. SO1—6C 6
Hound Rd. SO3—3E 25	Jupiter Clo. SO1—6H 5	Lake Farm Clo. SO3—4D 16	Link Rd. SO1—1H 11	Lydgate. SO4—4D 30
Hound Rd. Gdns. SO3—3E 25	Justinian Clo. SO5—1C 2	Lakelands Dri. SO1—6B 12	Links View Way. SO1—4F 7	Lydgate Clo. SO2—2G 21
Hound Way. SO3—2E 25		Lake Rd. SO2—4A 20	Linnet Sq. SO5—1B 8	Lydgate Grn. SO2—2G 21
Houndwell Pl. SO1—2G 19	Kanes Hill. SO2—6H 15	Lakeside Av. SO1—5G 5	Lionheart Way. SO3—5A 22	Lydgate Rd. SO2—2G 21
Howard Clo. SO2—6C 8	Kathleen Rd. SO2—3E 21	Lakewood Rd. SO5—1A 2	Lisbon Rd. SO1—6E 12	Lydiard Clo. SO5—2C 2
Howard Clo. SO4—4B 2	Keats Rd. SO2—6F 15	Lambourne Rd. SO3—2E 15	Litchfield Cres. SO2—2C 14	Lydlynch Rd. SO4—5B 10
Howard Rd. SO1—6D 12	Keble Clo. SO5—3A 2	Lancaster Clo. SO3—5B 22	Litchfield Rd. SO2—3C 14	Lydney Rd. SO3—6E 27
Howard's Gro. SO1—4C 12	Keble Rd. SO5—3A 2	Lancaster Rd. SO1—1H 11	Lit. Abshot Rd. PO14—2G 29	Lyme Clo. SO5—3C 2
Howerts Clo. SO3—3C 28	Kellett Rd. SO1—4D 12	Lance's Hill. SO2—5C 14	Lit. Kimble Wlk. SO3—6D 16	Lymer La. SO1—4E 5
Hulse Rd. SO1—4F 13	Kelsey Clo. PO14—1G 29	Landguard Rd. SO1—6D 12	Lit. Lance's Hill. SO2—5C 14	Lyndale Rd. SO3—4G 27
Humber Gdns. SO3—5B 22	Kelvin Gro. SO3—2D 4	Landseer Rd. SO2—3F 21	Lit. Oak Rd. SO1—6F 7	Lyndock Clo. SO2—4B 20
Hungerford. SO1—1H 25	Kelvin Rd. SO5—6C 2	Lands End Rd. SO3—1A 26	Lit. Park Clo. SO3—6C 16	Lyndock Pl. SO2—4B 20
Hunt Av. SO3—2D 24	Kendal Av. SO1—3F 11	Langbar Clo. SO2—6C 14	Lit. Park Farm Rd. SO3—3H 27	Lynn Clo. SO3—2E 15
Huntingdon Clo. PO14—1H 29	Kendal Clo. SO5—1B 2	Langdale Clo. SO1—4H 11	Lit. Quob La. SO3—2H 15	Lynton Rd. SO3—5D 16
Huntingdon Clo. SO4—3B 10	Kendal Ct. SO1—3F 11	Langhorn Rd. SO2—6A 8	Littlewood Gdns. SO3—5D 26	Lyon St. SO2—3A 20
Huntly Way. SO2—5C 14	Kenilworth Dri. SO5—2D 2	Langley Rd. SO1—6A 12	(Sarisbury Green)	Lytham Rd. SO2—3D 14
Hunton Clo. SO1—1D 12	Kenilworth Rd. SO1—6E 13	Langrish Rd. SO1—6B 6	Littlewood Gdns. SO3—3G 15	
Hunts Pond Rd. SO3 & PO14	Kennedy Rd. SO1—1H 11	Lansdowne Hill. SO1—2F 19	(West End)	Macarthur Cres. SO2—4D 14
—4G 27 to 2H 29	Kennet St. SO1—1E 15	Lansdowne Rd. SO1—5A 12	Liverpool St. SO2—5G 13	Macnaghten Rd. SO2—5B 14
Hurdles, The. PO14—1H 29	Kensington Clo. SO5—3G 3	Larchdale Clo. SO3—2C 28	Livingstone Rd. SO2—4G 13	Maddison St. SO1—3F 19
Hurlingham Gdns. SO2—5G 7	Kenson Gdns. SO2—2D 20	Larch Rd. SO1—1A 12	Loane Rd. SO2—3D 20	Maddoxford Clo. SO3—2G 17
Hursley Rd. SO5—1A 2	Kentish Rd. SO1—5C 12	Larchwood Rd. SO4—5C 30	Lobelia Rd. SO2—6G 7	Maddoxford Way. SO3—2G 17
Hurstbourne Pl. SO2—6C 20	Kent Rd. SO2—3A 14	Lark Rd. SO5—1B 8	Lockerley Cres. SO1—3H 11	Magazine La. SO4—4A 18
Hurst Clo. SO4—4C 10	Kent Rd. SO5—2C 2	Larkspur Chase. SO2—1H 21	Locks Heath Pk. Rd. SO3—1F 29	Magdalene Way. PO14—1H 29
Hutwood Rd. SO1—2F 7	Kent St. SO1—1H 19	Larkspur Gdns. SO3—6D 16	Locksley Rd. SO5—6C 2	Magnolia Rd. SO2—1C 20
Huxley Clo. SO3—3E 25	Kestevan Way. SO2—3E 15	Latelie Clo. SO3—3D 24	Locks Rd. SO3—6F 27	Magpie Dri. SO4—4D 30
Hyde Clo. SO1—3B 12	Kestrel Clo. SO1—5A 6	Latham Ct. SO1—5B 12	Lockswood Rd. SO3—6D 26	Magpie Gdns. SO2—2F 21
Hymans Way. SO4—5B 10	Kestrel Clo. SO3—3G 17	Latimer St. SO1—4G 19	Lodge Rd. SO2—5F 13	Magpie La. SO5—6B 2

35

Mainstream Ct. S05—5G 3	Meadcroft Clo. S03—2C 28	Monks Rd. S03—3C 24	Nile Rd. S02—2F 13	Oakwood Dri. S01—5B 6
Majestic Rd. S01—6D 4	Meadow Clo. S03—2H 15	Monks Way. S02—6B 8	Noble Rd. S03—6E 17	Oakwood Way. S03—5H 25
Malcolm Clo. S03—5G 27	Meadow Gro. S05—4A 2	Monks Way. S05—1C 8	Nomad Clo. S02—3E 15	Oatfield Gdns. S04—2D 30
Maldon Clo. SO 5—4G 3	Meadowhead Rd. S01—1E 13	Monks Wood. S02—4G 7	Nook, The. S05—3E 3	Oatlands Clo. S03—3G 17
Maldon Rd. S02—2B 20	Meadowmead Av. S01—5A 12	Montague Av. S02—3G 21	Norbury Gdns. S03—6F 25	Oatlands Rd. S03—3G 17
Malin Clo. S01—6G 5	Meadowside Clo. S02—6C 8	Montague Clo. S02—3G 21	Norcroft Ct. S01—2C 12	Obelisk Rd. S02—4A 20
Mallards Rd. S03—1G 25	Mead Rd. S05—2A 2	Montague Rd. S05—5G 3	Nordik Gdns. S03—1D 22	Ocean Rd. S01—5G 19
Malmesbury Pl. S01—5C 12	Medina Clo. S05—3B 2	Montefiore Ho. S02—6B 8	Norfolk Rd. S01—4D 12	O'Connell Rd. S05—6C 2
Malmesbury Rd. S01—5C 12	Medina Rd. S01—3B 12	Montgomery Av. S04—4A 10	Norham Av. S02—2C 12	Octavia Rd. S02—6C 8
Malory Clo. S02—6G 15	Medlar Clo. S03—6E 17	Montgomery Rd. S02—5D 14	Norham Clo. S01—2C 12	Ogle Rd. S01—2F 19
Malvern Rd. S02—1C 12	Medwall Grn. S02—1G 21	Montrose Clo. S03—6E 17	Norham Rd. S02—1G 19 to 6H 13	Old Barn Clo. S04—1D 30
Malwood Av. S01—1C 12	Megan Rd. S03—2G 15	Moore Cres. S03—2D 24	Norman Gdns. S03—1B 22	Old Bri. Clo. S03—6C 22
Malwood Gdns. S04—3D 30	Meggeson Av. S02—2D 14	Moorgreen Rd. S03—2H 15	Norman Rd. S01—1C 14	Old Bri. Ho. Rd. S03—6C 22
Manchester Rd. S03—3C 24	Melbourne Gdns. S03—6D 16	Moorhill Gdns. S02—5H 15	Norris Hill. S02—3C 14	Oldbury Ct. S01—2F 11
Manchester St. S01—2F 19	Melbourne Rd. S03—6D 16	Moorhill Rd. S03—4G 15	Northam Bri. S02—6H 13	Old Farm Dri. S02—1C 14
(in two parts)	Melbourne St. S01—2H 19	Moorlands Cres. S02—4E 15	Northam St. S02—1G 19	Old Garden Clo. S03—6G 27
Manley Rd. S03—5A 22	Melbury Rd. S01—4G 19	Mordaunt Rd. S02—5F 13	North Block. S01—1D 18	Old Mill Way. S01—3A 12
Manns Clo. S03—2F 15	Melchet Rd. S02—4F 15	Morgan Rd. S03—1D 22	Northbrook Rd. S02—1G 19	Old Redbridge Rd. S01—4E 11
Manor Clo. S03—5A 22	Melrose Ct. S04—2C 30	Morland Rd. S01—3C 12	Northcliffe Rd. S02—4F 13	Old Rd. S01—4G 19
Manor Clo. S04—6B 10	(in two parts)	Morley Clo. S02—1C 20	Northcote Rd. S02—2H 13	Olive Rd. S01—6A 6
Manor Cres. S03—5A 22	Melrose Rd. S01—2D 12	Morpeth Av. S04—4B 10	Northdene Rd. S05—3A 2	Oliver Rd. S02—1A 14
Manor Farm Clo. S05—6H 3	Melville Clo. S01—5C 8	Morris Rd. S01—1E 19	North East Clo. S02—1F 21	Omdurman Rd. S02—2F 13
Manor Farm Gro. S05—5H 3	Mendip Rd. S01—4H 11	Mortimer Clo. S03—3C 24	North East Rd. S02—2E 21	Onibury Clo. S02—3D 14
Manor Farm Rd. S02—2B & 3B 14	Menzies Clo. S01—5H 5	Mortimer Clo. S04—2D 30	North End Clo. S05—4A 2	Onibury Rd. S02—3D 14
Manor Ho. Av. S01—6G 11	Meon Clo. S02—4G 15	Mortimer Rd. S02—2B 20	Northfield Rd. S02—1C 14	Onslow Rd. S02—6G 13
Manor Rd. S01—1D 6	Meon Cres. S05—2A 2	Mortimer Rd. S03—6G 17	North Front. S01—1G 19	Orchard Ct. S03—5E 17
Manor Rd. S05—6H 3	Mercury Clo. S01—6H 5	Mossleigh Av. S01—5H 5	(in two parts)	Orchard La. S01—3G 19
Manor Rd. N. S02—2B 20	Mercury Gdns. S03—5H 25	Mottisfont Clo. S01—6A 12	Northlands Clo. S04—4A 10	Orchard Pl. S01—3G 19
Manor Rd. S. S02—3B 20	Merdon Av. S05—1B 2	Mottisfont Rd. S05—4D 2	Northlands Gdns. S01—5E 13	Orchard Rd. S03—6E 27
Mansbridge Rd. S02 & S03—6C 8	Meredith Gdns. S04—5D 30	Mountain Ash Clo. S02—5F 15	Northlands Rd. S01—5E 13	Orchards Way. S02—2G 13
Mansbridge Rd. S05—1D 8	Meredith Towers. S02—2H 21	Mountbatten Rd. S04—5A 10	Northlands Rd. S04—4A 10	Orchards Way. S03—3G 15
Mansel Rd. E. S01—3G 11	Merridale Rd. S02—2B 20	Mountbatten Rd. S05—1E 3	Northlands Rd. S05—4D 2	Orchard, The. S01—1E 7
Mansel Rd. W. S01—2F 11	Merrieleas Clo. S05—1A 2	Mountbatten Way S01—1C 18	Northleigh Corner. S02—5B 8	Ordnance Rd. S01—6F 13
Mansion Rd. S01—6C 12	Merrieleas Dri. S05—1A 2	Mount Dri. S05—3B 2	Northmore Clo. S03—4G 27	Oregon Clo. S02—2D 20
Manston Ct. S01—6H 5	Merryfield. P014—5H 27	Mt. Pleasant Rd. S02—5G 13	Northmore Rd. S03—4F 27	Oriana Way. S01—6E 5
Maple Rd. S02—5C 14	Merryoak Grn. S02—1C 20	Mount, The. S01—2C 12	Northolt Gdns. S01—5A 6	Oriel Dri. P014—1G 29
Maple Sq. S05—1C 8	Merryoak Rd. S02—2C 20	Mount View. S05—4E 3	North Rd. S02—4A 14	Oriental Ter. S01—3F 19
Mapleton Rd. S03—6D 16	Mersea Gdns. S02—2D 20	Mousehole La. S02—4C 14	Northumberland Rd. S02—1H 19	Orion Clo. S01—6H 5
Maplin Rd. S2—2F 11	Mersham Gdns. S02—5D 14	Mowbray Rd. S02—2F 21	Northwood Clo. S02—4G 7	Orkney Clo. S01—6G 5
Marchwood By-Pass. S04—6C 10	Merton Rd. S01—1H 13	Mulberry Wlk. S01—5C 12	Norton Clo. S02—3B 20	Orpen Rd. S02—3F 21
Marchwood Rd. S01—6B 12	Methuen St. S02—5F 13	Mullen Clo. S02—3B 20	Norwich Clo. S03—5D 26	Orwell Clo. P014—6H 27
Mardale Rd. S01—4F 11	Metuchen Way. S03—2D 22	Munro Cres. S01—5H 11	Norwich Rd. S02—2C 14	Orwell Clo. SA1—3G 11
Mardale Wlk. S01—4F 11	Mews, The. S01—4H 5	Murray Clo. S02—6H 15	Nursery Gro. S03—1D 22	Osborne Clo. S03—4E 25
Mardon Clo. S02—5B 8	Meynell Clo. S05—4C 2	Myrtle Rd. S01—6A 6	Nursery Rd. S03—3B 14	Osborne Dri. S05—3B 2
Margam Av. S02—1D 20	Michelmersh Clo. S01—5G 5		Nursling St. S01—5E 5	Osborne Gdns. S02—3A 14
Marianne Clo. S01—6H 11	Midanbury Cres. S02—3C 14	Napier Rd. S02—1H 21	Nutash. P014—4H 27	Osborne Rd. S03—4B 22
Marie Rd. S02—3F 21	Midanbury La. S02—5B 14	Navigators Way. S03—3D 16	Nutbeem Rd. S05—6D 2	Osborne Rd. S03—2B 28
Marine Pde. S01—2H 19	Midanbury Wlk. S02—4C 14	Neilson Clo. S05—1A 2	Nutfield Ct. S01—1G 11	Osborne Rd. S04—5C 10
Mariners Clo. S03—5H 25	Middle Rd. S02—3D 20	Nelson Hill. S01—1D 18	Nutsey Av. S04—2A 10	Oslands La. S03—1C 26
Mariners Way. S03—1B 28	Middle Rd. S03—3F 27	Nelson Rd. S01—6C 12	Nutsey La. S04—2A 10	Oslo Towers. S02—6C 20
Mark Clo. S01—5A 12	Middle St. S02—5F 13	Nelson Rd. S05—4G 3	Nutshalling Av. S01—5G 5	Osprey Clo. S05—5B 6
Market Pl. S01—3F 19	Middleton Clo. S02—3D 14	Neptune Ct. S01—6H 5		Osprey Ct. S02—4B 14
Market St. S05—1E 9 to 5E 3	Midlands Est. S03—2F 15	Netley Firs Clo. S02—2A 22	Oakbank Rd. S02—3A 20	Osterley Clo. S03—6E 17
Marlborough Rd. S01—4B 12	Milbury Cres. S02—6E 15	Netley Firs Dri. S03—1B 22	Oak Bank Rd. S05—4G 3	Osterley Rd. S02—2B 22
Marlhill Clo. S02—2C 14	Milford Gdns. S05—2C 2	Netley Firs Rd. S03—1B 22	Oak Clo. S01—4F 11	Outer Circle. S01—6A 6
Marlowe Ct. S02—5D 20	Millais Rd. S02—3C 20	Netley Hill. S03—2A 22	Oakfield Rd. S04—5B 10	Overcliff Rise. S01—6E 7
Marls Rd. S03—5E 15	Millbank St. S01—1H 19	Netley Lodge Clo. S03—3D 24	Oakfields. S05—1D 2	Ovington Rd. S05—1D 8
Marne Rd. S02—5E 15	Millbrook Point Rd. S01—1A 18	Netley Rd. P014—1H 29	Oak Grn. Way. S02—4D 14	Owen Rd. S05—6C 2
Marsh La. S01—3G 19	Millbrook Rd. S01	Nettlestone. S03—5E 17	Oakgrove Gdns. S05—6H 3	Oxburgh Clo. S05—3C 2
Marston Rd. S02—1H 21	—5G 11 to 1D 18	Neva Rd. S02—4C 14	Oakgrove Rd. S05—6H 3	Oxford Av. S02—1G 19
Marvin Clo. S03—5E 17	Millbrook Towers. S01—2G 11	Newbridge. S03—2D 24	Oakhill. S03—5C 22	Oxford Rd. S02—5F 13
Marvin Way. S02—6F 15	Millbrook Trading Est. S01—5G 11	Newbury Rd. S01—3B 12	Oakhill Clo. S03—5C 22	Oxford St. S01—3G 19
Marvin Way. S03—5E 17	Mill Clo. S01—5F 5	Newcliffe Gdns. S03—1C 22	Oakhill Clo. S05—2B 2	Ozier Rd. S02—2D 14
Marybridge Clo. S04—6A 10	Mill Hill. S03—6H 17	Newcombe Rd. S01—6E 13	Oakhurst Clo. S03—2E 25	
Maryland Clo. S02—1D 14	Mill La. S01—6A 4	New Cotts. S01—2E 11	Oakhurst Rd. S02—1F 13	Packridge La. S05—1G 5
Mary's Bldgs. S01—2G 19	Mill Rd. S01—5H 11	Newlands Av. S01—5C 12	Oakhurst Way. S03—3E 25	Paddocks, The. S04—1D 30
Masefield Clo. S05—5C 2	Mill Rd. S04—5C 10	Newman St. S01—4B 12	Oaklands Av. S04—5B 10	Paddock, The. S05—1E 3
Masefield Grn. S02—6G 15	Mill St. S05—4E 3	New Rd. S01—6H 5	Oaklands Gdns. P014—1H 29	Padwell Rd. S02—5F 13
Matheson Rd. S01—4H 5	Milner Ct. S01—4B 12	New Rd. S01 & S02—1F 19	Oaklands Way. P014—1G 29	Paget St. S01—3H 19
Mauretania Rd. S01—6D 4	Milton Gro. S03—1G 29	New Rd. S03—2C 24	Oaklands Way. S02—6F 7	Paignton Rd. S01—3H 11
Maxwell Rd. S02—3D 20	Milton Rd. S01—6E 13	(Netley Abbey)	Oakleigh Cres. S04—6A 10	Painswick Clo. S03—2F 27
Maybray King Way. S02—5D 14	Milton Rd. S05—3E 3	New Rd. S03—6G 23	Oakley John Wlk. S02—6D 14	Pallot Clo. S03—6A 22
Maybush Cl. S01—3A 12	Milverton Clo. S04—6C 10	(Swanwick)	Oakley Rd. S01—3H 11 to 4B 12	Palmerston Rd. S01—2G 19
Maybush Rd. S01—2G 11	Milverton Rd. S04—6C 10	New Rd. S03—2C to 2D 28	Oakmount Av. S02—3F 13	Palm Rd. S01—1A 12
Mayfair Ct. S03—5H 17	Minstead Av. S02—4G 15	(Warsash)	Oakmount Av. S04—4B 10	Pangbourne Clo. S02—2E 21
Mayfield Av. S04—4B 10	Mintern Clo. S05—3G 3	Newton Rd. S02—3B 14	Oakmount Rd. S05—4B 2	Pansy Rd. S02—6G 7
Mayfield Rd. S02—1H 13	Mitchell Clo. P015—4H 27	Newtown Rd. S02—4D 20	Oakmount Rd. S05—4B to 1B 2	Pantheon Rd. S05—1C 2
Mayflower Rd. S01—4B 12	Moat Clo. S02—1C 14	Newtown Rd. S03—3B 28	Oakridge Rd. S01—4F 11	Panwell Rd. S02—5D 14
Maynard Rd. S04—5C 10	Monarch Way. S03—2A 16	Newtown Rd. S05—4E 3	Oak Rd. S02—4B 20	Pardoe Clo. S03—1D 22
Mayridge. P014—5H 27	Monastery Rd. S02—5C 14	Nichols Rd. S02—1G 19	Oak Rd. S03—6A 22	Parham Dri. S05—4C 2
May Rd. S01—5C 12	Mon Cres. S02—5F 15	Nightingale Av. S05—6A 2	Oak Tree Gdns. S03—6C 16	Parklands Clo. S05—1A 2
Maytree Clo. S03—6F 27	Monks Brook Clo. S05—1C 8	Nightingale Gro. S01—6C 12	Oak Tree Rd. S02—3B 14	Park La. S05—1F 3
Maytree Rd. S02—6D 14	Monks Path. S02—6B 8	Nightingale Rd. S01—6C 12	Oak Tree Way. S05—3E 3	Park Rd. S02—6C 12
Mead Clo. S02—1A 14	Monks Pl. S04—6A 10	Nightingale Rd. S03—6A 22	Oakwood Clo. S03—2C 28	Park Rd. S05—1A 2

36

Parkside. S04—6C 10	Pirrie Clo. S01—3D 12	Queens Rd. S03—2B 28	River View Rd. S02—2A 14	Ruskin Clo. S05—3E 3
Parkside Av. S01—4G 11	Pitchponds Rd. S03—3B 28	Queens Ter. S01—3G 19	Riverview Ter. S03—6E 23	Russell Pl. S02—3G 13
Park St. S01—4B 12	Pitmore Rd. S05—1E 3	Queenstown Rd. S01—6C 12	River Wlk. S02—1C 14	Russell St. S01—3G 19
Park View. S03—5G 17	Pitt Rd. S01—6C 12	Queens View. S03—2C 24	Robere Ho. S02—3B 20	Rustan Clo. S03—6C 16
(Botley)	Plaitford Wlk. S01—3H 11	Queen's Way. S01—3G 19	Robert Cecil Av. S02—6C 8	Rutland Ct. S02—5E 15
Park View. S03—5C 16	Platform Rd. S01—4G 19	Quilter Clo. S02—2G 21	Roberts Rd. S01—1D 18	Rutland Gdns. S03—5B 22
(Hedge End)	Player's Cres. S04—6B 10	Quob La. S03—6H 9	Roberts Rd. S04—6B 10	Rutland Way. S02—3E 15
Parkville Rd. S02—6A 8	Plover Clo. S01—5B 6		Robina Grn. S01—5C 6	Ryde Ter. S01—3H 19
Park Wlk. S01—1F 19	Ploverfield. S03—6C 22	Radcliffe Rd. S02—1H 19	Robins Meadow. P014—1H 29	Ryecroft. P014—6H 27
Parkway Gdns. S05—1A 2	Plover Rd. S04—4D 30	Radstock Rd. S03—2B 20	Robin Sq. S05—6A 2	Rylands Ct. S01—1H 11
Parkway, The. S04—5G 7	Pointout Clo. S01—1E 13	Radway Cres. S01—4D 12	Rochester St. S01—1H 19	
Park Wood Clo. S03—5D 16	Pointout Rd. S01—1E 13	Radway Rd. S01—4D 12	Rochall Clo. S01—5G 5	Saddlers. S05—1D 2
Parnell Rd. S05—6D 2	Polygon, The. S01—1E 19	Raeburn Dri. S03—5D 16	Rockleigh Rd. S01—4C 20	St Agatha's Rd. S03—4H 25
Parry Rd. S02—2G 21	Pond Rd. S03—2F 27	Railway Cotts. S01—4E 11	Rockstone La. S02—6G 13	St Alban's Rd. S02—1H 19
Parsonage Rd. S02—6H 13	Poole Rd. S02—2B 20	(in two parts)	Rockstone Pl. S01—6F 13	St Andrew's Rd. S02—1G 19
Passage La. S03—1A 28	Popes La. S04—5C 10	Railway View Rd. S02—4A 14	Rodney Ct. S02—2G 21	St Anne's Gdns. S02—4C 20
Passfield Av. S05—1B 8	Poplar Rd. S02—6C 14	Raley Rd. S03—1E 29	Rogers Clo. S05—4H 3	St Anne's Rd. S02—4C 20
Passfield Clo. S02—6C 2	Poplar Way. S03—6E 17	Rampart Rd. S02—5A 14	Rogers Rd. S05—4H 3	St Aubin's Av. S02—1E 21
Patricia Clo. S03—2G 15	Poppy Rd. S02—5H 7	(in two parts)	Roman Clo. S05—1B 2	St Austell Clo. S05—5H 3
Patricia Dri. S03—5D 16	Porchester Rd. S02—3B 20	Randolph St. S01—5C 12	Roman Dri. S01—3E 7	St Brelade Pl. S01—6H 11
Paulet Clo. S02—3E 15	Porlock Rd. S01—3F 11	Randall Clo. S04—1D 30	Roman Rd. S01—1D 6 to 3F 7	St Catherine's Rd. S02—3B 14
Paulets La. S04—1C 30	Portal Rd. S02—2E 21	Ranelagh Gdns. S01—5E 13	Romford Rd. S03—3C 28	St Catherine's Rd. S05—3G 2
Paxton Clo. S03—1E 23	Portal Rd. S04—5A 10	Range Clo. S02—3E 21	Romill Clo. S03—1E 15	St Cuthbert's Clo. S03—4G 27
Payne's Rd. S01—6B to 6D 12	Portal Rd. S05—4G 3	Ratcliffe Rd. S03—5D 16	Romsey Clo. S05—5D 2	St Cuthbert's La. S03—5G 27
Peach Rd. S01—6A 6	Portchester Rise. S05—1D 2	Ravenscroft. S02—5A 22	Romsey Rd. S01—3E 5 to 3B 12	St David's Ct. S01—3C 12
Peak Clo. S01—4H 11	Portelet Pl. S03—1D 22	Raven Rd. S02—6G 13	Romsey Rd. S05—5D 2	St David's Rd. S03—6E 27
Peartree Av. S02—2B 20	Porteous Cres. S05—2C 2	Ravenscroft Way. S03—3G 17	Ronald Pugh Ct. S02—6B 8	St Denys Rd. S02—2C 30
Peartree Clo. S02—2B 20	Porters La. S01—4F 19	Raven Sq. S05—6B 2	Rookley. S03—1E 25	St Edmund Clo. P014—2G 29
Pear Tree Clo. S03—4E 29	Portland St. S01—2F 19	Ravenswood. P014—6H 27	Rookwood Clo. S05—2C 8	St Edmund's Rd. S01—4B 12
Peartree Gdns. S02—6D 14	Portland Ter. S01—2F 19	Raymond Clo. S03—1A 16	Rope Wlk. S03—6H 25	St Edward's Rd. S03—2C 28
Peartree Rd. S02—2B 20	Portsmouth Rd. S02 & S03	Raymond Rd. S01—5D 12	Ropley Clo. S02—6D 20	St Elizabeth's Av. S02—5E 15
Peel St. S01—1H 19	—3A 20 to 5H 21	Rayners Gdns. S02—6A 8	Rosebank Clo. S01—5A 6	St Evox Clo. S01—4H 11
Peewit Hill. S03—3B 22	Portsmouth Rd. S03—5B 22	Recess, The. S05—3E 3	Rosebery Cres. S05—2E 3	St Francis Av. S02—4E 15
Peewit Hill Clo. S03—3B 22	Portswood Av. S02—4G 13	Rectory Ct. S03—4D 16	Rose Clo. S03—4D 16	St Gabriel's Rd. S02—5E 15
Pembrey Clo. S01—5H 5	Portswood Pk. S02—4G 13	Redbridge Causeway.S01—4E 11	Rose Ct. S02—5C 14	St George's Clo. S03—5A 22
Pembroke Clo. S04—4C 10	Portswood Rd. S02	Redbridge Hill. S01—3H 11	Roselands Gdns. S02—2G 13	St George's Rd. S03—6E 27
Pembroke Rd. S02—2E 21	—4G 13 to 1A 14	Redbridge La. S01—2E 11 to 5G 5	Rosemary Gdns. S03—1D 23	St George's St. S02—3G 19
Pendle Clo. S01—4H 11	Portview Rd. S02—2D 14	Redbridge Rd. S01—4F 11	Rose Rd. S02—4F 13	St Helena Gdns. S02—1C 14
Pendula Way. S05—3H 3	Poulner Clo. S02—6D 20	Redbridge Towers. S01—4E 11	Rose Rd. S04—6C 10	St Helier Pl. S01—6H 11
Penelope Clo. S01—5H 21	Poundgate Dri. P014—2H 29	Redcar St. S01—4B 12	Rosewall Rd. S01—1H 11	St James Rd. S03—2H 15
Penhale Gdns. P014—1G 29	Pound Rd. S03—5H 21	Redcote Clo. S02—5E 15	Rosoman Rd. S02—2C 20	St James's Clo. S01—3C 12
Penistone Clo. S02—5E 21	Pound St. S02—5D 14	Redcroft La. S03—5B 22	Rossan Av. S03—3C 28	St James's Ct. S01—3C 12
Pennine Ho. S01—5H 11	Pound Tree Rd. S01—2F 19	Redhill. S01—6E 7	Ross Gdns. S01—2A 12	St James's Pk. Rd. S01—2B 12
Pennine Rd. S01—5G 11	Precosa Rd. S03—1E 23	Redhill Clo. S01—6D 6	Rossington Rd. S02—5C 14	St James's Rd. S01—3C 12
Pennine Way. S05—4A 2	Prelate Way. S014—1H 29	Redhill Cres. S01—6E 7	Rossington Way. S02—5C 14	St John's Glebe. S01—4G 5
Pennycress. S03—6D 26	Preshaw Clo. S06 6	Redhill Way. S01—6E 7	Rosyth Rd. S02—5D 14	St John's Rd. S03—2B 20
Penrhyn Clo. S03—3C 2	Prestwood Clo. S03—6D 16	Redlands Dri. S02—6D 14	Rotary Ct. S03—2C 24	(Hedge End)
Penshurst Way. S05—1D 2	Pretoria Rd. S03—1C 22	Redmoor Clo. S02—6C 14	Rothbury Clo. S02—2E 21	St John's Rd. S03—6G 27
Pentire Rd. S01—2D 12	Priestley Clo. S04—4D 30	Redward Rd. S01—5H 5	Rothbury Clo. S04—3A 10	(Locks Heath)
Pentire Way. S01—2D 12	Priestwood Clo. S02—5G 5	Redwood Gdns. S04—5A 10	Rother Clo. S03—3E 15	St John's Rd. S05—4E 3
Pepys Av. S02—1G 21	Primate Rd. S014—6H 27	Redwood Way. S02—4G 7	Rother Dale. S02—3H 21	St Lawrence Rd. S01—4G 19
Percy Rd. S01—4A 12	Primrose Clo. S03—6A 22	Reeves Way. S03—6A 22	Rotterdam Towers. S02—6C 20	St Lawrence Rd. S05—3E 3
Pern Dri. S03—5G 17	Primrose Rd. S02—6G 7	Regent Rd. S05—2A 2	Roundhill Clo. S02—3D 14	St Margaret's Clo. S02—5E 15
Perran Rd. S01—3F 11	Prince of Wales Av. S01—5A 12	Regents Gro. S01—4B 12	Roundhouse Rd. S04—5C 30	St Margaret's Rd. S05—4G 3
Peterborough Rd. S02—5G 13	Princes Ct. S01—6H 13	Regent's Pk. Gdns. S01—5B 12	Routs Way. S01—3G 5	St Mark's Rd. S02—1G 19
Peters Clo. S03—5D 26	Princes Rd. S01—6D 12	Regent's Pk. Rd. S01—6A 12	Rowan Clo. S01—1H 11	St Martin's Clo. S01—1G 11
Peters Rd. S03—5D 26	Princess Clo. S03—2H 15	Regent St. S01—2F 19	Rowan Gdns. S03—6E 17	St Mary Pl. S01—2G 19
Pettinger Gdns. S02—4A 14	Princes St. S01—6H 13	Reservoir La. S03—6B 16	Rowborough Rd. S04—2H 15	St Mary's Rd. S02—6G 13
Petworth Gdns. S01—5B 6	Priors Hill La. S03—6H 17	Retreat, The. S05—4E 3	Rowborough Rd. S04—3D 24	St Mary's Rd. S03—3D 24
Petworth Gdns. S05—2D 2	Priory Av. S02—3A 14	Reynolds Rd. S01—4C 12	Rowe Ashe Way. S03—5E 27	St Mary's Rd. S05—4G 3
Pevensey Clo. S01—3F 11	Priory Clo. S02—4H 13 to 3A 14	Rhinefield Clo. S05—6H 3	Rowlands Wlk. S02—2D 14	St Mary St. S01—2G 19
Peverells Rd. S05—1B 2	Priory Rd. S03—2C 24	Ribble Clo. S03—2A 2	Rowley Clo. S03—4G 17	St Michael's Rd. S03—6E 27
Peverells Wood Clo. S05—1B 2	Priory Rd. S01—1C 8	Ribble Cres. S01—3G 11	Rowley Dri. S03—4G 17	St Michael's Rd. S04—4B 10
Peverells Wood Clo. S05—1C 2	Proctor Clo. S02—1G 21	Richards Clo. S03—5F 27	Rownhams Clo. S05—4G 5	St Michael's Sq. S01—3F 19
Peveril Rd. S02—1D 20	Prospect Ho. S02—1C 20	Richlans Rd. S03—1D 22	Rownhams Ct. S01—1H 11	St Michael's St. S01—3F 19
Pewsey Pl. S01—2D 12	Prospect Pl. S05—1A 2	Richmond Clo. S04—2C 30	Rownhams La. S01—5H 5 & 6A 6	St Monica Rd. S02—3D 20
Phillmore Rd. S02—6A 8	Providence Hill. S03—4B 22	Richmond Gdns. S02—3H 13	Rownhams La. S05 & S01	St Paul's Rd. S03—3D 26
Phoenix Clo. S03—5B 22	Prunus Clo. S05—5C 6	Richmond Rd. S01—6C 12	—1H to 4H 5	St Peter's Rd. S02—1G 19
Pilands Wood Rd. S03—6A 22	Puffin Clo. S01—5B 6	Richmond St. S01—3G 19	Rownhams Rd. S02—5E 15	St Phillip's Way. S02—5E 15
Pilgrim Pl. S02—5G 15	Purbrook Clo. S01—6B 6	Richville Rd. S01—4A 12	Rownhams Rd. N. S01—5H 5	St Winifred's Rd. S01—2C 12
Pimpernel Clo. S03—6D 26	Purcell Rd. S02—3G 21	Ridding Clo. S01—6D 12	Rownhams Way. S01—4G 5	Salcombe Cres. S04—6A 10
Pine Dri. S02—5G 15	Purkess Clo. S01—1A 2	Ridgemount Av. S01—5E 7	Roxburgh Ho. S03—6E 27	Salcombe Rd. S01—5B 12
Pine Dri. E. S02—5H 15	Pycroft Clo. S01—1D 20	Ridgeway Clo. S05—3B 2	Royal Cres. Rd. S01—3H 19	Salcombe Rd. S04—6A 10
Pinefield Rd. S02—2C 14	Pyland's La. S03—3B 22	Ridgeway Rd. S02—1C 20	(in two parts)	Salem St. S01—3C 12
Pinegrove Rd. S02—3D 20		Ridgeway Wlk. S05—3B 2	Royston Av. S05—3D 2	Salerno Rd. S01—5C 6
Pinehurst Rd. S01—3F 7	Quadrangle, The. S05—4D 2	Rigby Rd. S02—4G 13	Royston Clo. S02—2H 13	Salisbury Clo. S05—4E 3
Pinelands Rd. S01—2F 7	Quantock Rd. S01—4H 11	Ringwood Rd. S04—4A 30 & 5A 10	Rozel Ct. S01—1G 11	Salisbury Rd. S02—1G 13
Pine View Clo. S03—5B 22	Quay Haven. S03—1C 26	Ripstone Gdns. S02—1H 13	Ruby Rd. S02—6F 15	Salisbury Rd. S04
Pine Wlk. S01—3E 7	Quay La. S03—1C 26	Ritchie Ct. S02—2E 21	Rufford Clo. S05—2D 2	—1D 30 & 2A to 5C 10
Pine Wlk. S03—3E 27	Quayside Rd. S02—5A 14	River Grn Est. S03—4H 25	Rufus Gdns. S04—4D 30	Salisbury St. S01—6F 13
Pine Way. S01—3E 7	Quay, The. S01—1A 28	Riverdale Clo. S02—6C 20	Rumbridge St. S04—6C 10	Salona Clo. S05—1C 2
Pinewood Pk. S02—2A 22	Quebec Gdns. S03—5A 22	Riverside. S05—5G 3	Runnymede. S03—3G 15	Salterns La. S03—2H 25
Pipers Clo. S04—6A 10	Queen Pl. S01—2C 12	Riverside Pk. S04—6A 10	Rushington Av. S04—6B 10	Saltmarsh Rd. S01—3H 19
		River View Ho. S02—3A 20	Rushington La. S04—6A 10	Salwey Rd. S03—1E 23

37

Sandell Ct. S02—5G 7	Shepherdshey Rd. S04—2C 30	Spinney, The. S01—4F 7	Sunset Av. S04—4B 10	Thackeray Rd. S02—4H 13
Sandhurst Rd. S01—6E 13	Sherborne Ct. S05—2D 2	Spinney, The. S04—2C 30	Sunset Rd. S04—4B 10	Thames Clo. S03—1E 15
Sandlewood Clo. S04—3D 30	Sherborne Rd. S02—1H 13	Spinney Wlk. S02—1C 14	Sunvale Clo. S02—3E 21	Third Av. S01—5G 11
Sandown Rd. S01—3B 12	Sherbourne Way. S03—6D 16	Spring Clo. S02—2C 20	Surbiton Rd. S05—3E 3	Thirlmere. S05—6C 2
Sandpiper Rd. S01—5A 6	Sheridan Clo. S02—1G 21	Spring Cres. S02—4G 13	Surrey Rd. S02—4B 20	Thirlmere Rd. S01—2G 11
Sandringham Clo. S02—3C 14	Sheridan Gdns. S04—4D 30	Springfield Rd. S04—6D 10	Surrey Rd. S05—5A 2	Thomas Clo. S04—5D 30
Saracens Rd. S05—1C 2	Sherley Grn. S03—6B 22	Springford Clo. S03—6B 6	Sussex Rd. S01—2F 19	Thornbury Av. S01—5D 12
Sarnia Cl. S02—6G 5	Sherwood Av. S03—2C 22	Springford Cres. S01—1B 12	Sussex Rd. S05—5A 2	Thorn Clo. S05—3D 2
Sarum Ho. S04—2D 30	Sherwood Gdns. S03—4D 26	Springford Rd. S01—1B 12	Sutherland Rd. S01—5H 5	Thorndike Clo. S01—2A 12
Sarum Rd. S05—1B 2	Shirley Av. S01—4C 12	Spring Gro. S03—5B 22	Sutherlands Way. S05—1A 2	Thorndike Rd. S01—2H 11
Satchell La. S03—3G to 6H 25	Shirley High St. S01—4B 12	Springhill Rd. S02—2A 2	Sutton Rd. S04—3A 10	Thorner's Homes. S01—4B 12
Saturn Clo. S01—6H 5	Shirley Pk. Rd. S01—4B 12	Spring Hills. S02—1F 21	Swallow Sq. S05—6B 2	Thorness Clo. S01—3F 11
Saville Clo. S05—3H 3	Shirley Rd. S01—5C 12	Spring La. S05—4G 3	Swanage Clo. S02—3B 20	Thornhill Av. S02—6G 15
Saxholm Clo. S01—4F 7	Shirley Towers. S01—4C 12	Spring Rd. S02—6C 14 to 4D 20	Swanley Clo. S05—3D 2	Thornhill Rd. S03—3A 16
Saxholm Dale. S01—4E 7	Sholing Rd. S02—2B 20	Spring Rd. S03—2F 27	Swanmore Av. S02—3F 21	Thornhill Pk. Rd. S02—5G 15
Saxholm Way. S01—4F 7	Shooters Hill Clo. S02—3E 21	Spruce Clo. S03—2C 28	Swanwick La. S03	Thornhill Rd. S01—1D 12
Saxon Gdns. S03—1B 22	Shop La. S03—4H 21	Spruce Dri. S02—1H 21	—1C 26 to 1F 27	Thornleigh Rd. S02—4B 20
Saxon Rd. S01—1D 18	Shore Rd. S03—2B 28	Squires Wlk. S02—6C 20	Swanwick Shore Rd. S03—1C 26	Thornton Av. S03—1B 28
Saxon Wlk. S05—2B 2	Shorewell. S03—1D 24	Stable Clo. P014—1H 29	Swaything Rd. S03—1E 15	Thornycroft Av. S02—4A 20
Sayers Rd. S05—5H 3	Shravesbill Clo. S04—2D 30	Stafford Rd. S01—6D 12	Swift Clo. S05—6A 2	Thorold Rd. S02—4B 14
Scantabout Av. S05—1C 2	Shrubland Clo. S02—4E 15	Stainer Clo. S02—3G 21	Swift Gdns. S02—5B 20	Threefield La. S01—3G 19
School La. S03—6H 25	Sidings, The. S03—3E 25	Standford St. S01—2H 19	Swift Rd. S02—5A & 5B 20	Three Oaks. S02—1H 21
School La. S05—2A 2	Silkin Gdns. S04—5D 30	Stanford Ct. S02—3G 21	Sycamore Clo. P014—2G 29	Thruxton Ct. S02—1C 20
School Rd. S03—5B 22	Silver Birch Clo. S02—2F 21	Stanley Rd. S02—3A 14	Sycamore Rd. S01—2A 12	Thurmal Clo. S03—2D 22
School Rd. S04—6C 10	Silverdale Rd. S01—5E 13	Stanley Rd. S03—3A 10	Sycamore Wlk. S03—5G 17	Thurmal Wlk. S03—2D 22
Scotter Rd. S05—5G 3	Silvers Wood. S04—2C 30	Stannington Cres. S04—4B 10	Sydney Av. S03—5G 25	Thurston Clo. S05—1A 2
Scotter Sq. S05—5G 3	Simmons Clo. S03—4D 16	Stanstead Rd. S05—3C 2	Sydney Cres. S03—5G 25	Tichborne Rd. S05—1D 8
Scott Rd. S02—5D 20	Simnel St. S01—3F 19	Stanton Rd. S01—5H 11	Sydney Rd. S01—3B 12	Tickleford Dri. S02—6D 20
Scott Rd. S05—6C 2	Simon Way. S02—6H 15	Staplehurst Clo. S02—6E 21	Sydney Rd. S05—4G 3	Tickner Clo. S03—1E 23
Scullards La. S01—2F 19	Sinclair Rd. S01—5A 6	Starling Sq. S05—6B 2	Sylvan Av. S02—6F 15	Ticonderoga Gdns. S02—5B 20
Seacombe Grn. S01—3F 11	Sirdar Rd. S02—1H 13	Station Hill. S03—1A 26	Sylvia Cres. S04—3A 10	Tilbrook Rd. S01—5A 12
Seafield Rd. S01—2G 11	Sir George's Rd. S01—6D 12	Station La. S03—2A 2		Tillingbourne. P014—6H 27
Seaford Clo. S03—5A 22	Siskin Clo. S01—5A 6	Station Rd. S01—5C 4	Tadburn Clo. S05—3B 2	Timpson Clo. S04—5D 30
Seagarth Clo. S01—1D 12	Skipton Rd. S05—4A 2	Station Rd. S02—4C 10	Talbot Clo. S01—6E 7	Timsbury Dri. S01—3H 11
Seagarth La. S01—1D 12	Sloe Tree Clo. S03—6G 27	Station Rd. S03—6C 22	Talland Rd. P014—1G 29	Tindale Rd. S01—2G 11
Sea Rd. S02—3A 20	Smith Gro. S03—1D 22	(Bursledon)	Tamar Gdns. S03—2E 15	Tintagel Clo. S01—4C 6
Seaview Est. S03—3D 24	Smythe Rd. S02—3G 21	Station Rd. S03—3C 24	Tamarisk Gdns. S02—4B 14	Tintern Gro. S01—1D 18
Seaward Gdns. S02—2B 20	Snellgrove Clo. S04—1C 30	(Netley Abbey)	Tamarisk Way. S04—5D 30	Tiptree Clo. S05—3D 2
Seaward Rd. S02—2B 20	Solent Av. S02—6H 15	Station Rd. S03—3F 27	Tamella Rd. S03—6E 17	Titchborne Rd. S02—4G 15
Second Av. S01—5F 11	Solent Clo. S05—2C 2	(Park Gate)	Tangmere Dri. S01—6H 5	Titchfield Pk. Rd. P015
Sedbergh Rd. S01—3F 11	Solent Dri. S04—4C 28	Station Rd. S04—5D 10	Tanhouse Clo. S03—1D 22	—5H 27
Sedgefield Clo. S04—3D 30	Solent Homes. S02—6H 15	Steele Clo. S05—4B 2	Tanhouse La. S03	Tivoli Clo. S05—1C 2
Sedge Mead. S03—3C 24	Solent Industrial Est. S03—3C 16	Steeple Way. P014—6H 27	—1E 23 & 1D 22 to 2G 23	Tollgate Rd. S03—1C 26
Sedgewick Rd. S02—1F 21	Solent Rd. S01—2D 18	Stella Ct. S01—6C 6	Tankville Rd. S02—3B 20	Toogoods Way. S01—5G 5
Sedgewick Rd. S05—5G 3	Somerford Clo. S02—6D 14	Stenbury Way. S03—1E 25	Tanner's Brook Way. S01—6H 11	Toothill Rd. S05—1E 5
Segensworth Rd. P015—4H 27	Somerset Av. S02—5F 15	Stephenson Rd. S04—1A 10	Tanners, The. P014—2H 29	Torcross Clo. S02—4C 20
Selborne Av. S02—4F 15	Somerset Cres. S05—5A 2	Steuart Rd. S02—5A 14	Taplin Dri. S03—4D 16	Torquay Av. S01—4C 12
Selborne Dri. S04—4D 2	Somerset Rd. S02—2H 13	Steventon Rd. S02—5F 15	Taranto Rd. S01—6C 6	Torridge Gdns. S03—1E 15
Selborne Rd. S04—4A 10	Somerset Ter. S01—6B 12	Stirling Clo. S04—4C 10	Tatchbury La. S04—2A & 4A 30	Torwood Gdns. S05—5H 3
Selborne Wlk. S02—4F 15	Somerton Av. S02—5F 15	Stirling Cres. S04—4C 10	Tatchbury Mt. S04—1A 30	Torre Clo. S05—2E 3
Sellwood Rd. S03—2D 24	Southampton Rd. S03 & P014	Stockholm Dri. S03—2C 22	Tate Rd. S01—4E 11	Torrington Clo. S02—2D 20
Selsey Clo. S01—1G 11	—4G to 6H 27	Stocklands. S04—1C 30	Tatwin Clo. S02—1G 21	Tosson Clo. S01—4G 11
Selwyn Gdns. S05—3D 2	Southampton Rd. S05	Stockton Clo. S03—5D 16	Tatwin Cres. S02—1G 21	Totland Rd. S01—4G 11
Sengana Clo. S03—6E 17	—2D 8 to 5E 3	Stoddart Av. S02—6C 14	Taunton Dri. S02—5E 15	Totnes Clo. S05—3C 2
September Clo. S03—3G 15	Southampton St. S01—6F 13	Stoke Comn. Rd. S05—3H 3	Teal Clo. S04—4D 30	Totton By-Pass. S04—5D 10
Severn Rd. S01—4G 11	Southbrook Rd. S01—1E 19	Stoke Pk. Rd. S05—4G 3	Tebourba Way. S01—5H 11	Totton Western By-Pass. S04
Severn Way. S02—2C 15	Southcliff Rd. S02—6G 13	Stoke Rd. S01—3A 12	Tedder Rd. S02—4D 14	—4B 30
Seymour Clo. S01—1C 12	South Ct. S03—6F 25	Stoneham Cemetery Rd. S02—6C 8	Tedder Way. S04—5A 10	Tower Gdns. S01—6F 7
Seymour Clo. S04—2D 30	Southdene Rd. S05—3A 2	Stoneham Clo. S02—5A 8	Telegraph Rd. S03—4H 15	Tower Ho. S02—5B 20
Seymour Clo. S03—3B 2	South East Cres. S02—2D 20	Stoneham Gdns. S03—6A 22	Telegraph Way. S02—2G 5	Tower La. S05—6F 3
Seymour Rd. S01—1C 12	South East Rd. S02—2D 20	Stoneham La. S05 & S02	Teme Cres. S01—4G 11	Tower Pl. S03—3G 15
Shaftesbury Av. S02—3H 13	Southern Gdns. S04—5A 10	—1B to 6A 8	Teme Rd. S01—4G 11	Townhill Way. S02—4D 14
Shaftesbury Av. S05—4A 2	Southern Rd. S01—2D 18	Stour Clo. S03—1E 15	Temple Gdns. S02—4C 20	Townhill Way. S03—2E 15
Shakespeare Av. S02—4C 20	Southern Rd. S03—4G 15	Stourvale Gdns. S03—3A 2	Temple Rd. S02—4C 20	Town Quay. S01—4F 19
Shakespeare Dri. S04—2A 10	South Front. S01—2G 19	Strand. S01—2F 19	Tenby Clo. S02—4E 15	Toynbee Clo. S05—5D 2
Shakespeare Rd. S05—4F 15	S. Mill Rd. S01—5H 11	Stratton Rd. S01—3B 12	Tennyson Rd. S02—4H 13	Toynbee Rd. S05—5G 3
Shalcombe. S03—1D 24	South Rd. S02—4A 14	Strawberry Hill Rd. S03—5E 27	Tennyson Rd. S04—1D 30	Trafalgar Rd. S01—6C 12
Shalden Clo. S01—6B 6	South St. S05—2D 8	Streamleaze. P014—1G 29	Tennyson Rd. S05—6C 2	(Freemantle)
Shales Rd. S02—5E 15	S. View Rd. S01—4D 12	Strides Way. S04—4C 30	Tenterton Av. S02—5E 21	Trafalgar Rd. S01—4G 19
Shamblehurst La. S03—3D 16	Sovereign Dri. S03—6E 17	Stubbs Drove. S03—5E 17	Terminus Ter. S01—3G 19	(Southampton Docks)
Shamrock Rd. S02—3B 20	Sovereign Way. S05—2D 2	Stubbs Rd. S02—4F 21	(in two parts)	Tranby Rd. S02—2B 20
Shanklin Cres. S01—3D 12	Sowden Clo. S03—5C 16	Studland Cl. S01—3F 11	Terriote Clo. S05—1A 2	Treagore Rd. S04—2D 30
Shanklin Rd. S01—2D 12	Spalding Rd. S02—1H 21	Studland Rd. S01—4F 11	Testbourne Av. S04—5A 10	Trearnan Clo. S01—4H 11
Sharon Rd. S03—2F 15	Spa Rd. S01—2F 19	Sturminster Ho. S01—3H 11	Testbourne Clo. S04—5A 10	Treeside Av. S04—5C 10
(in two parts)	Sparrow Sq. S05—6A 2	Suffolk Av. S01—5D 12	Testbourne Rd. S04—5A 10	Treeside Rd. S01—4C 12
Shaw Clo. S04—4D 30	Sparsholt Rd. S02—6D 16	Suffolk Clo. S05—5A 2	Testlands Av. S01—4F 5	Treloyhan Clo. S05—4A 2
Shawford Rd. S01—6E 7	Spear Rd. S02—4G 13	Suffolk Dri. S05—5A 2	Test La. S01—1D 10	Tremona Rd. S01—2B 12
Shayer Rd. S01—3C 12	Speggs Wlk. S02—6D 16	Suffolk Grn. S05—5A 2	Test Rd. S01—6G 19	Trent Clo. S02—3C 14
Shears Rd. S05—5H 3	Spencer Rd. S02—6G 15	Sullivan Rd. S02—3G 21	Testwood Av. S04—3A 10	Trent Rd. S02—3C 14
Sheffield Clo. S03—6F 25	Spencer Rd. S05—6C 2	Summerfield Gdns. S02—5A 8	Testwood Cres. S04—1D 30	Trent Way. S03—2G 15
Sheldrake Gdns. S01—4B 6	Spenser Clo. S03—2C 28	Summerfields. S03—1G 29	Testwood La. S04—4B 10	Trevose Clo. S05—3A 2
Shelley Rd. S02—2H 13	Spicer's Hill. S04—6B 10	Summers St. S02—6H 13	Testwood Pl. S04—4C 10	Trevose Cres. S05—3A 2
Shelley Rd. S04—1D 30	Spicer's Way. S04—6B 10	Summit Way. S02—3C 14	Testwood Rd. S01—6B 12	Trevose Way. P014—1G 29
Shelley Rd. S05—6C 2	Spindlewood Clo. S02—4F 7	Sunningdale Gdns. S02—5F 15	Tetney Clo. S01—1G 11	Trinity Rd. S02—1G 19

38

Tripps End Caravan Site. S03
   —5E 17
Trowbridge Clo. S01—4G 5
Truro Rise. S05—5H 3
Tudor Clo. S04—3C 30
Tudor Gdns. S03—1B 22
Tulip Rd. S02—6H 7
Tunstall Rd. S02—2H 21
Turner Cres. S02—4E 21
Turnstone Gdns. S01—5A 6
Tuscan Wlk. S05—1C 2
Twiggs End Clo. S03—5E 27
Twyford Av. S01—3C 12
Twyford Rd. S05—4E 3
Tyne Way. S03—2H 15
Tyrrel Rd. S05—1A 2
Tytherley Rd. S02—4F 15

Ullswater. S05—1D 8
Ullswater Rd. SA1—3G 11
Undercliff Gdns. S01—6E 7
Underwood Clo. S01—6E 7
Underwood Rd. S01—6E 7
Underwood Rd. S00—5A 4H 3
Union Rd. S02—6H 13
University Cres. S02—1G 13
University Rd. S02—1G 13
Uplands Way. S02—2G 13
Up. Banister St. S01—6F 13
Up. Brook Dri. S03—6D 26
Up. Brownhill Rd. S01—1H 11
Up. Bugle St. S01—3F 19
Up. Deacon Rd. S02—6E 15
Up. New Rd. S03—3G 15
Up. Northam Clo. S03—6B 16
Up. Northam Dri. S03—6A 16
Up. Northam Rd. S03—5B 16
Up. St. Helens Rd. S03—2C 22
Up. Shaftesbury Av. S02—2H 13
Up. Shirley Av. S01—3C 12
Up. Spinney. S03—3B 28
Up. Toothill Rd S05 & S01—1G 5
Up. Weston La. S03—4D 20
Up. Yardley Rd. S03—1C 22
Upton Cres. S01—2A 12
Upton La. S01—5D 4 to 3E 5

Vale Dri. S02—3D 14
Valentine Av. S02—3F 21
Valerian Rd. S03—6D 16
Valley Rise. S03—5D 26
Valley Rd. S05—1A 2
Vanguard Rd. S02—4D 14
Vardy Clo. S02—3G 21
Varna Rd. S01—1C 18
Vaudrey Clo. S01—3C 12
Vaughan Clo. S02—1H 21
Vellan Ct. S01—3F 11
Ventnor Ct. S02—5H 7
Verbena Way. S03—6D 16
Verdon Av. S03—5G 25
Verger Clo. P014—6H 27
Vermont Clo. S01—6E 7
Vernon Wlk. S01—6F 13
Verona Rd. S05—1C 2
Verulam Rd. S02—5G 13
Vespasian Rd. S02—5A 14
Vespasian Way. S05—1C 2
Vesta Way. S05—1C 2
Vicarage Dri. S03—1C 22
Viceroy Rd. S02—3D 20
Victoria Rd. S02—5A 20

Victoria Rd. S03—2C 24
Victoria Rd. S05—3E 3
Victoria St. S01—1H 19
Victoria Wlk. S03—1H 15
Victor St. S01—3B 12
Victory Cres. S01—6B 12
Victory Rd. S01—6B 12
Victory Sq. S01—6B 12
Viking Clo. S01—5G 5
Villiers Rd. S01—5B 12
Vincent Av. S01—2C 12
Vincent Gro. S01—4B 12
Vincent St. S01—4B 12
Vincent's Wlk. S01—2F 19
Vine Clo. S03—5C 26
Vine Rd. S01—1A 12
Vinery Gdns. S01—2B 12
Vinery Rd. S01—2C 12
Violet Rd. S02—6G 7
Vulcan Clo. S01—6H 11
Vulcan Rd. S01—6H 11
Vyse La. S01—3F 19

Wadhurst Gdns. S02—6D 20
Wadhurst Rd. S03—6D 16
Wakefield Rd. S02—3D 14
Wallace Rd. S02—5C 20
Walmer Clo. S05—1D 2
Walnut Av. S02—5B 8
Walnut Clo. S01—3H 11
Walnut Gro. S01—4H 11
Walsingham Gdns. S02—1C 14
Waltham Cres. S01—6B 6
Walton Rd. S02—3G 21
Warbler Clo. S01—4B 6
Warburton Rd. S02—2H 21
Warburton Rd. S02—1H 21
Warden Clo. S03—3G 15
Wardle Rd. S05—1G 3
Warlock Clo. S02—3C 21
Warren Av. S01—2A 12
Warren Clo. S01—2A 12
Warren Clo. S05—2B 2
Warren Cres. S01—2A 12
Warren Pl. S04—1D 30
Warsash Rd. S03 & P014
   —1C 28 to 3H 29
Warwick Cres. S03—6A 22
Warwick Rd. S01—2D 12
Warwick Rd. S04—4B 10
Waterbeach Dri. S03—4D 16
Waterhouse La. S01—5B 12
Waterhouse Way. S01—5B 12
Water La. S01—1E 19
Water La. S04—4A 10
Waterloo Industrial Est. S03—4C 16
Waterloo Rd. S01—6C 12
Waterloo Ter. S01—6F 13
Waters Edge. S03—6C 16
Watts Rd. S03—5D 16
Wavell Rd. S02—5D 14
Waveney Rd. S01—3G 11
Waverley Av. S03—3D 24
Waverley Ct. S03—3E 25
Waverley Rd. S01—1D 18
Weardale Rd. S05—4A 2
Webburn Gdns. S03—1D 14
Web Clo. S05—5D 2
Welbeck Av. S02—2G 13
Welch Way. S01—5H 5
Welland Grn. S01—4G 11

Welles Rd. S05—2A 2
Wellington Av. S02—5F 15
Wellington Rd. S02—2B 14
Wellow Clo. S02—5F 15
Wellsmoor. P014—6H 27
Wentworth Gdns. S02—5E 21
Wesley Clo. S02—2G 21
Wessex La. S02—6B 8
W. Bargate. S01—2F 19
W. Bay Rd. S01—1B 18
West Block. S01—1D 18
Westbourne Cres. S02—3F 13
Westbrook Clo. S03—3F 27
Westbrook Way. S02—6B 8
Westbury Ct. S03—1C 22
Westbury Rd. S01—5H 11
West Ct. S01—4A 12
West Dri. S05—4G 3
Westend Rd. S02—5D 14 to 3G 15
W. End Rd. S02 & S03—2A 22
W. End Rd. S03—3G 15
Western Av. S01—6A 12
Western District Cut. S01—5D 12
Western Esplanade. S01—1E 19
Western Rd. S03—3G 15
Western Ter. S01—3H 19
Westfield Clo. S03—6F 25
Westfield Comn. S03—6F 25
Westfield Cres. S05—4A 2
Westfield Rd. S01—5A 12
Westfield Rd. S04—4B 10
Westfield Rd. S05—4A 2
Westgate St. S01—3F 19
W. Horton La. S05—1H 9
W. Marlands Rd. S01—1F 19
   (in two parts)
Westminster Gdns. P014—5H 27
Westmorland Way. S05—2C 2
Weston Cres. S02—5F 15
Weston Gro. Rd. S02—4A 20
Weston La. S01—6C 4 to 1D 10
Weston La. S02—6B 20
Weston Pde. S02—6B 20
Weston Rd. S05—5E 3
Westover Rd. S01—4E 11
W. Park Rd. S01—1E 19
W. Quay Rd. S01—2E & 3E 19
Westridge Rd. S02—3H 13
West Rd. S01—4F 19
West Rd. S02—4B 20
West Rd. S03—6A 16
Westrow Gdns. S01—5E 13
Westrow Rd. S01—5E 13
West St. S01—3F 19
Westward Rd. S03—4D 16
West Wing. S03—2B 24
Westwood Gdns. S05—1B 2
Westwood Mans. S02—3G 13
Westwood Rd. S02—4F 13
Westwood Rd. S03—2D 24
Wetherby Gdns. S04—3D 30
Wharf Rd. S02—3A 20
Wharncliffe Ho. S02—3A 20
Wharncliffe Rd. S02—3A 20
Wheatcroft Dri. S02—3F 15
Wheatsheaf Cl. S03—6C 16
Whernside Clo. S01—4H 11
Whinchat Clo. S01—4A 6
Whistler Clo. S02—4F 21
Whistler Rd. S02—4F 21
Whitebeam Rd. S03—6E 17
White Ho. Gdns. S01—6A 12

Whitelaw Rd. S01—5B 12
Whiteley Business Pk. S03—2H 27
White Rd. S05—3H 3
White's Rd. S02—1D 20
Whitestone Clo. S01—4H 11
Whitethroat Clo. S01—4C 12
Whittle Av. S03—3H 27
Whitwell. S03—1D 24
Whitworth Cres. S02—4B 14
Whitworth Rd. S02—4B 14
Whyteways. S05—3D 2
Wide La. S02 & S05—5B 8
Widgeon Clo. S01—4B 6
Wildburn Clo. S04—1C 30
Wilde Clo. S04—4D 30
Wildern Clo. S03—5E 27
Wildern La. S03—4C 16
Wild Rose Cres. S03—6D 26
William St. S01—1A 20
Willis Rd. S02—5A 8
Willow Clo. S03—6E 17
   (Hedge End)
Willow Clo. S03—2H 15
   (West End)
Willow Ct. S01—1A 12
Willow Tree Wlk. S02—3E 21
Wilmer Rd. S05—6D 2
Wilmington Clo. S02—1D 14
Wilmot Clo. S05—3H 3
Wilson St. S01—1H 19
Wilton Av. S01—6E 13
Wilton Ct. S01—4D 12
Wilton Cres. S01—3C 12
Wilton Gdns. S01—3D 12
Wilton Rd. S01—3C 12
Wiltshire Rd. S05—5A 2
Wimpson Gdns. S01—3H 11
Wimpson La. S01—4G 11
   (in two parts)
Winchester Clo. S03—2C 24
Winchester Rd. S01
   —3A 12 to 6F 7
Winchester Rd. S01 & S05—2F 17
Winchester Rd. S03—1F 17
Winchester Rd. S05—4F 5
Winchester St. S01—6F 13
Winchester St. S03—3C 16
Winchfield Clo. S02—6D 20
Windbury Rd. S01—5G 11
Windermere Av. S01—2G 11
Windermere Gdns. S04—4B 10
Windermere Rd. S03—3E 15
Windmill La. S03—4B 22
Windover Clo. S02—6F 15
Windrush Rd. S01—3G 11
Windsor Ga. S05—2D 2
Windsor Ter. S01—2F 19
Winfred Ho. S04—4D 30
Winfrith Way. S01—4F 5
Wingate Dri. S02—2E 21
Wingate Rd. S04—5A 10
Winkle St. S01—4F 19
Winnards Pk. S03—2C 26
Winn Rd. S02—4F 13
Winsor Rd. S04—6C 10
Winston Clo. S05—4D 2
Winton Ct. S03—3G 15
Winton St. S01—2G 19
   (in two parts)
Witherbed La. P015—4H 27
Withewood Mans. S01—5C 12
Wittering Rd. S01—5H 5

Witts Hill. S02—3C 14
Woburn Clo. S05—1E 3
Woburn Rd. S01—5B 6
Wodehouse Rd. S02—2C 20
Wolseley Rd. S01—6C 12
Wolverton Rd. S02—1H 19
Wonston Rd. S01—6B 6
Wood Clo. S02—3G 21
Woodcote Rd. S02—1H 13
Woodend Rd. S03—1G 25
Woodgreen Wlk. S04—2C 30
Woodhouse La. S03—5E 17
Woodland Clo. S02—5G 15
Woodland M. S03—3G 15
Woodlands Clo. S03—3E 27
Woodlands Rd. S04—6A 30
Woodlands Way. S01—4F 13
Woodlea Gdns. S03—3H 15
Woodley Rd. S02—4A 20
Woodmill La. S02—1A to 3C 14
Woodpecker Way. S05—6A 2
Woodside. S01—1D 6
Woodside Av. S05—4C 2 to 1E 3
Woodside Cres. S01—1D 6
Woodside Rd. S02—4H 13
Woodside Rd. S05—4B 2
Woodside Way. S03—1B 22
Woodthorpe Gdns. S03—3E 27
Woodview Clo. S02—4F 7
Woolston Rd. S03—6E 21
Woolwich Clo. S03—5A 22
Wootton. S03—1D 24
Worcester Pl. S02—4E 15
Wordsworth Rd. S01—3C 12
Workman's La. S03—6D to 4C 28
Wren Rd. S05—1B 8
Wright's Hill. S02—4D 20
Wrights Wlk. S03—6A 22
Wryneck Clo. S01—4A 6
Wycliffe Rd. S02—4B 14
Wykeham Clo. S01—6E 7
Wykeham Clo. S03—2C 24
Wykeham Rd. S03—2C 24
Wylye Clo. S03—1E 15
Wyndham Ct. S01—1E 19
Wyndham Pl. S01—1E 19
Wynter Rd. S02—4E 15
Wyvern Clo. S05—2B 2
Wyvern Ho. S03—3A 16

Yardley Rd. S03—1D 22
Yarrow Way. S03—6D 26
Yaverland. S03—2E 25
Yeomans Way. S04—4B 10
Yeovil Chase. S02—4E 15
Yew Rd. S02—4E 15
Yew Tree Clo. S03—6C 16
Yewtree La. S01—1E 11
Yonge Clo. S05—4E 3
York Bldgs. S01—2F 19
York Clo. S01—6A 14
York Clo. S04—4C 10
York Dri. S02—5E 15
Yorke Way. S03—6F 25
York Ho. S01—6A 14
York Rd. S01—5B 12
York Rd. S03—3C 24
York Rd. S05—1D 8
York Wlk. S01—2F 19

Every possible care has been taken to ensure that the information shown in this publication is accurate, and whilst the Publishers would be grateful to learn of any errors, they regret they can accept no responsibility for any expense or loss thereby caused.